上海大学出版社

2005年上海大学博士学位论文 12

U0358931

机器人远程监控系统的研究

- 作者：汪 地
- 专业：机械设计及理论
- 导师：方明伦 陈一民

2005 年上海大学博士学位论文　12

机器人远程监控
系统的研究

作　　者：汪　地
专　　业：机械设计及理论
导　　师：方明伦　陈一民

上海大学出版社
·上海·

Shanghai University Doctoral
Dissertation（2005）

A Study of Robot Remote Control and Monitoring System

Candidate: Wang Di
Major: Mechanical Design and Theory
Supervisors: Prof. Fang Ming-lun
Prof. Chen Yi-min

Shanghai University Press
• **Shanghai** •

上 海 大 学

本论文经答辩委员会全体委员审查,确认符合上海大学博士学位论文质量要求.

答辩委员会名单:

主任:	周勤之	教授,上海机床厂	200030
委员:	王 磊	教授,同济大学中德学院	200092
	高传善	教授,复旦大学计算机学院	200433
	马登哲	教授,上海交大 CIMS 中心	200030
	顾长庚	教授级高工,上海科技生产力	
		促进中心	200092
导师:	方明伦	教授,上海大学	200072
	陈一民	教授,上海大学	200072

评阅人名单：

王庆林	教授级高工,上海飞机制造厂	200436
杨建国	教授,东华大学机自学院	200051
陈 云	教授,上海财经大学	200433

评议人名单：

金 烨	教授,上海交通大学 CIMS 所	200030
郭大津	教授,同济大学机械学院	200092
陈佳品	教授,上海交通大学微电子中心	200030
顾君忠	教授,上海华东师范大学计算机学院	200062

答辩委员会对论文的评语

　　汪地同学的博士论文"机器人远程监控系统的研究"就机器人控制器结构、组成、远程机器人控制、机器人建模与三维交互、立体视频与机器人远程控制等问题进行了深入的分析与研究.论文选题和成果有重要的学术意义和实用价值.

　　论文的主要创新研究成果如下：1.针对传统机器人控制器的不足,提出一种新型机器人控制系统的体系结构,具有低成本、易于开发和良好的扩展性等优点,可通过网络进行互联,完成远程监控.2.对于网络传输的时延问题,提出了动态时延检测策略,与预测显示相结合的办法来实现了时延条件下机器人的远程监控.3.在视频图象的实时传输中采用了新型的视频队列,解决了视频队列的拆包、传输与丢包恢复及流量控制问题,保证了在局域网中实时传送立体视频图象.4.将摄像头的标定过程分解成静态参数和动态参数标定两部分,简化了标定过程,提高了准确度;用BP神经网络来表示摄像头的畸变过程.使得图形仿真能够更好的模拟视频监视窗口的显示效果.5.将立体显示技术应用到机器人远程监控当中,增强了系统的临场感.研究了摄像头间距与视差之间的关系,并结合具体应用定量给出了立体摄像头的调整方案,以获得理想的视觉效果.

　　论文条理清楚、文笔流畅、推论正确、实验结果可信,汪地同学在答辩过程中叙述清楚,回答问题正确,说明作者具有坚实宽广的基础理论和系统深入的基础知识,有很强的分析与解决问题的能力、独立从事科研工作的能力.

答辩委员会表决结果

答辩委员会通过无记名投票,一致同意通过其博士学位论文答辩,并建议授予工学博士学位.

答辩委员会主席:周勤之

2005 年 2 月 2 日

摘　　要

本论文对远程控制下的人机交互技术进行比较深入的研究,将虚拟现实技术应用到机器人远程控制当中去,通过图形仿真和视频监视及力反馈来监控机器人的状态.在远端通过鼠标、键盘、力反馈操纵杆、三维鼠标的方式来对工作现场的机器人进行远程示教、远程操作、远程编程及远程诊断,并通过图形仿真和实时视频监视远端的机器人.本文研究的目的主要有三个:

1. 针对传统机器人控制器的不足,提出一种新型的机器人控制系统的体系结构.

2. 构建起一套机器人远程控制平台,为进一步开展机器人远程控制与多机协同机制以及机器人智能控制方面的研究创造条件.

3. 在所建立的平台上对机器人远程控制机制进行深入的研究,解决其中的一些关键技术,例如远程监控技术、图形仿真、实时视频监控、三维交互、碰撞检测及立体显示技术等,为远程控制技术的推广应用准备条件.

为实现以上目标,本论文主要完成了以下工作:

1) 针对 Internet 网络环境下通信特点,建立了一套状态数据的实时获取与传输机制.对于网络传输的时延问题,提出了基于网络的动态时延检测策略,通过将动态时延检测与预测显示相结合的办法来实现时延条件下机器人的远程监控.

2) 为了解决视频图象的网络监控问题,采用了 Directshow

作为视频开发平台. 完成了视频数据的获取, 发送, 接收, 回放等过程, 主要是解决了视频数据的实时传输问题. 重点解决了视频数据队列的拆包、传输与丢包恢复及流量控制问题, 保证了局域网环境中的实时传输, 时延小于 0.1 s.

3) 在机器人建模方面, 主要解决了在 OpenGL 环境当中机器人的运动学建模以及机器人与场景的几何建模问题. 结合图形运动仿真的特点和机器人运动的特点, 提出了一种中心点移动法来表示机器人的运动学关系. 基于 OpenGL 对几何模型的表示方法, 实现了 VRML1.0 的接口程序, 通过与专业的三维 CAD 软件 UGII 和 Solidworks 结合, 比较方便地构建了精确的机器人几何模型, 并能自动获取机器人的运动参数.

4) 对碰撞检测问题进行了研究, 实现了基于碰撞检测程序与基于 OpenGL 的图形仿真程序的接口, 使得碰撞检测程序能够共享图形仿真的几何模型和当前变换矩阵, 实时完成碰撞检测功能.

5) 在三维交互技术方面, 将力反馈技术与碰撞检测中的距离监测及运动极限控制相结合, 来达到友好人机交互的目的. 将力反馈操纵杆及三维鼠标技术运用到机器人远程监控当中, 增强了机器人的可操纵性.

6) 对摄像头标定进行了讨论, 将摄像头的标定分解成静态参数的标定和动态参数的标定. 静态参数的标定可以在实验室进行, 而动态参数的标定则在现场进行. 同时, 在静态参数的标定当中, 又将有畸变的真实摄像头看作是由理想的线性小孔模型的摄像头和非线性变换器两部分构成, 对于理想摄像头部分采用传统求取摄像头内外参数的方法来解决, 而对于非线性变换部分则用 BP 神经网络表示, 采用纹理映射来完成非线性变换. 将仿真图形通过非线性变换, 模拟通过摄像头摄取的图象感受.图形仿真可看作是实际机器人系统的替身,在真实的机器人完成动作以前,通过操纵虚拟机器人来预演主机器人的动作.

7) 对立体显示技术进行了比较深入的研究,实现了图形仿真和视频监控的立体显示.针对立体视频下的左右如何调节两摄像头和整个摄像系统的参数来达到左右视图的匹配,提出了一套行之有效的解决方法.对立体视频的显示、储存、传输与回放进行了讨论.还就立体视觉参数对观察者的立体视觉效果的关系进行了分析,给出了对立体视差进行计算的公式以及摄像头间距与视差的定量关系.

运用以上研究结果,本论文针对传统机器人控制系统的不足,提出了一种新型的机器人体系结构.该系统具有低成本、易于开发和良好的可扩展性,能够非常方便地通过网络将各种不同的机器人互连起来.本论文在此基础上还建立了一套基于开放式软硬件结构的实验平台.该平台达到的技术指标如下:

1. 实时的机器人运动仿真与监控功能.与传统的机器人图形仿真不同,在这里实现的对机器人的运动仿真是完全实时的,仿真程序直接获取机器人的当前运动状态.

2. 具备远程控制功能,操纵者能够通过三维鼠标、力反馈操纵杆等设备,对机器人进行远程示教与控制,有很好的交互性.

3. 视频监控功能,能够以 30 帧/s 的速度通过网络实时传输 358×288 分辨率的真彩视频,时间延迟小于 0.1 s.

4. 立体显示功能.图形仿真和视频监控都可实现立体显示,通过佩戴液晶眼镜可以观察到具有左右视差的三维立体影像.

· 实验结果证明本论文开发的系统与平台表现良好,达到预期的目标.

关键词　机器人远程控制，视频监控，图形仿真，碰撞检测，力反馈，摄像头标定，立体显示

Abstract

The remote controlled robot-human interfacing techniques have been studied on this thesis. The author applied the virtual reality techniques into the robot remote control. The status of the robot was monitored and controlled by graphic simulation and real-time video and force feedback. Remote teaching, operation, programming and diagnostics on a robot at a remote location were performed via mouse, keyboard, force feedback controller and 3 - D mouse. The primary objectives of this thesis are:

1. Study robot remote control mechanisms on the platform. Solve problems in some key technologies, including remote monitoring, graphic simulation, video monitoring, 3 - D interaction, collision detection and stereographic display technologies;

2. Propose a new structure for robot controlling system to compensate the shortcoming of the current robot controller;

3. Build a robot remote control platform for future research and development in robot remote control, multiple unit coordination and robot intelligent control.

The accomplishment works can be summarized as following:

1) A real-time data acquisition and transferring mechanism

has been established according to the characteristics of the communication in Internet environment. A network-based dynamic time-delay measuring strategy is proposed to solve the time-delay problem in network data transfer. The robot remote monitoring under this time-delayed condition is achieved by adopting an algorithm combining the dynamic time-delay measurement and robot trace prediction.

2) Using Directshow as video developing platform a video transfer system was developed to perform the whole process of video data transferring, including acquisition, sending, receiving, and replay. In real time. Special attention was given to the data array packaging, transmission, lost package recovering and data flow control. These assured the real-time transmission in LAN, for which the time delay of video transfer was controlled below 0.1 s.

3) In robot modeling, a kinetic model for robot and geometric model for the robot and the scene were established in the OpenGL environment. A new method of Center Point Movement was proposed to denote the robot motion, in accordance with the characteristics of kinetic graphic simulation and robotic motion. Based on the OpenGL expression of geometric model, a VRML 1.0 interface routine was generated. As a result, precise robot geometric model is constructed using professional 3-D CAD software UG NX, and Solidworks and exported to standard VRML 1.0 freely and other kinetic parameters are acquired directly from these CAD systems.

4）Collision Detection was also studied. The interface between collision detection program and OpenGL geometric simulation program was established so that the collision detection program can share the geometry model and current transformation matrix to realize real time collision detection.

5）In 3-D interaction technology，human-robot interaction was obtained via combination of the force feedback technique and distance monitoring and motion limit control technique in the collision detection. The force feedback joystick and 3D mouse were used as interactive tools to enhance the maneuverability of the robot control system.

6）Extensive discussed was made about the camera calibration. The camera calibration was divided into the calibration of static and dynamic portions. Static calibration can be carried out in the laboratory but dynamic calibration has to be performed in the real system. In the static calibration，a real camera with distortion was treated as an ideal linear pinhole camera plus a non-linear transformer. The ideal camera portion was represented using traditional camera parameters and the non-linear portion was represented by a BP neural network. The simulated graphics was transformed non-linearly to mimic the image caught by camera. The graphic simulation can be viewed as the body-double of the real robot. We can control the "virtual" robot to preview the action by real robot.

7）The technique of stereographic display was also investigated in depth in this thesis. The stereoscopic display of the graphic simulation and video monitoring was obtained. An effective method was employed to achieve good match between left and right image by adjusting the two cameras and the camera system parameters. Extensive discussion was given to stereographic video display, storage, transmission and replay. The relationship between stereographic visual parameters and viewer visual effect was analyzed. The quantitative formula for stereographic error and the relationship between inter-camera spacing and error were also obtained.

Based on the results mentioned above, a new robotic system is established to improve the weakness of traditional robot control system. The new system has the advantages of low cost, easy to develop and good expandability. It is able to control many different kind of robot through network with ease. In addition, a robot experiment platform was also developed based on open software and hardware structure. The specification for the platform is as follows:

1. Real time robot motion simulation and monitoring. Different from traditional robot simulation platform, the new platform can simulate robot motion in real-time. The simulation program is able to acquire current status of the robot.

2. The platform is able to control robot from remote location. The operator can teach and manipulate robot through force feedback joystick, 3 - D mouse and other 3D interaction device at remote site.

3. The 352X288 resolution true color video of worksite can be transferred through network at a rate of 30 frames/s with less than 0.1 s time delay.

4. The graphic simulation and network video system can be displayed stereoscopically via a LCD glasses.

Experimental data has demonstrated that the system and the platform developed in this thesis performed well in the tests. The initial set objectives were met.

Key words　telerobotic，video monitoring，graphic simulation，collision detection，force feedback，camera calibration，stereoscopic display

目　　录

第一章 概 述

1.1 机器人远程控制发展的回顾

Telerobot,机器人的远程控制(遥操作)可以追溯到 20 世纪 40 年代,在核武器的研究当中,会产生高辐射的核废料,对人体危害大很大.如何处理核废料是一个棘手的问题.为解决这个问题,1948 年,世界上第一个遥操作系统由 Goertz 在美国的 Aronne 国家实验室研制成功[1, 2].当时采用的是主从机械臂的方式,系统由 2 个对称的机械臂构成.主机械臂和人在安全的地方,而从机械臂则放置在需要完成任务的危险地带.操作者对主机械臂进行操作,从机械臂跟随主机械臂的运动,从而完成危险环境下的任务.在这个系统中,主、从机械臂间是通过机械装置来连接,具有很大的局限性.一是传输距离有限,二是跟踪性能并不是很好.1950 年,Goertz 又开发出第一个带伺服反馈的机电遥操作系统,由操作者对车辆进行远程控制,操作性能得到了很大的改善.后来从动力学和运动学角度设计的双向控制的引入使得设计适合于人手使用的操纵杆成为现实,大大减轻了操作者的负担.80 年代随着计算机技术的飞速发展,计算机逐渐介入到遥操作机器人系统中,使得一些先进的控制算法得以实现,这时遥操作机器人系统的性能发生了质的飞跃,其应用领域也越来越广.

90 年代以来,随着空间技术、海洋技术和原子能技术的迅速发展,迫切需要研制出能在危险和未知环境中工作的机器人,因此工作在交互方式下的遥操作机器人开始受到广泛关注和研究. Internet 技术得到了飞速发展,正在逐步进入普及,利用 Internet 来作为通信介质的机器人正在日益成为研究的热点.在 1994 年前后,很多研究机构

都开展了基于网络的远程监控机器人方面的研究工作. 美国的南加
州大学(University of South California)的 Mercury 1994 项目让 Web
用户进行模拟发掘文物的活动[3]机械手能将压缩空气吹进一块埋了
文物的沙丘,Web 用户可操作机械手在这块沙丘中任意发掘文物;南
加州大学的 TeleGarden 1995 项目允许 Web 用户通过一个 ADEPT
机械手管理一个小型花园,用户可以进行种植、浇灌等活动[4];西澳大
利亚大学(University of Western Australia in Perth) 的 Ken Taylor
and James Trevelyan 研究开发了网上机器人(Telerobot on the
Web),将一台 ASIA IRb‐6 型机器人手臂连在 Internet 上,Web 用
户可以操纵它抓取和移动桌上的一些木块,搭建出各种模型,而机器
人的移动情况通过四台不同的摄像机传送给用户[5]. WITS(the Web
Interface for Telescience)系统是由美国航空航天局喷气动力实验室
(JPL)开发的一套基于 JAVA 的用于火星探测机器人的指令系统,用
于火星极轨探测器机械手操纵和 FIDO 原型火星探测器. 类似的工作
还有很多,在此就不一一赘述了[6-21]. 国内,如上海交通大学,北京航
空航天大学,哈工大、中科院沈阳自动化所[22-25]也对机器人远程监控
技术进行了比较深入的研究.

目前机器人远程控制的研究重点主要是集中在两个方面,一是
遥现(Telepresence),又被称为临场感技术,实际是提供一种友好方
便的人机接口. 如何获得尽量多的工作现场的信息,并通过合适的途
径在操作者面前展示出来,其次是提供一种便捷的交互手段,使得操
作者能够方便地对远端的机器人进行操纵. 二是网络控制的可靠性
和稳定性的问题,需要在大时延和通信条件比较恶劣的情况下,仍然
能够保证遥操作的顺利进行.

临场感技术是遥操作机器人系统中的核心技术.[26,27]临场感的
概念是指一方面将本地操作者的位置和运动信息(身体、四肢、头部、
眼球等)作为控制指令传递给远地从机器人,另一方面将从机器人感
知到的环境信息以及机器人和环境的相互作用信息(视觉的、听觉
的、力觉和触觉的)实时地反馈给本地操作者,使操作者产生身临其

境的感受,从机器人仿佛是操作者肢体在远地的延伸,从而操作者能够真实地感受到从机器人和环境的交互状况,正确地决策,有效地控制机器人完成复杂的任务. 遥操作是机器人领域最具挑战性的研究方向之一. 它需要多科知识的结合,如电子、计算机、人工智能、机械工程、控制理论、认知科学等.

随着计算机技术的飞速发展,虚拟现实技术获得了长足的进步,但是由于种种原因虚拟现实技术在机器人远程控制上并没有得到广泛的应用. 究其原因,主要是在于远程控制有其特殊性,需要具有良好的实时性,而且为了与控制器直接相结合,虚拟现实系统本身必须具有良好的开放性,而这正是当前许多虚拟现实系统和软件所缺乏的. 当然虚拟现实设备的价格高昂和技术门槛较高也是无法得到普及应用的一个重要原因. 另外,远程控制的研究工作一般都是根据某个具体情况构建一个远程控制平台的,而且一般都是在某种产品化的机器人之上来构建. 传统机器人控制器多以实现本单元内部控制为主要目的,缺少对外通信的能力,缺乏与外界进行全面信息交换的能力,缺乏于外界设备间进行协调工作的能力,也缺少对外界环境的适应能力,二次开放能力比较差.

本论文试图对远程控制下的人机交互技术进行比较深入的研究,将虚拟现实技术和增强现实技术应用到机器人远程控制当中去,通过图形仿真和视频传输与力反馈来监控机器人的状态,在远端通过鼠标,键盘和力反馈操纵杆,三维鼠标的方式来对工作现场的机器人进行远程示教,远程操作和远程编程及远程诊断. 本课题研究的目的有三个:

1. 针对传统机器人控制器的不足,提出一种新型机器人控制系统体系结构.

2. 构建起一套机器人远程控制平台,为进一步开展机器人远程控制与多机协同机制以及机器人智能控制方面的研究创造条件.

3. 在所建立的平台上对机器人远程控制机制进行深入的研究,解决其中的一些关键技术,例如远程监控技术、图形仿真、视频监控、

三维交互、碰撞检测及立体显示技术等. 为远程控制技术的推广应用
准备条件.

1.2　论文的课题背景

　　本论文工作是在上海市科委项目"通用机器人控制器"和上海市
教委项目"普及型机器人研制开发"的基础上提出的,这两个项目已
经通过了上海市科委和市教委组织的专家鉴定. 主要的目的是结合
开放式机器人控制器的开发,对机器人远程控制的机制与关键技术
进行研究,并开发出一套具备远程控制功能的实验机器人控制系统,
为进一步开展机器人远程控制和机器人多机协同创造条件. 该论文
工作还受到了中科院机器人开放研究实验室基金项目"基于网络的
机器人远程控制与监控系统的研究与实践"和上海市教委青年基金
项目"基于网络的机器人远程控制技术的研究"项目的资助,也是上
海市教委基金重大项目"基于 PC(Windows)平台的机器人通用控制
器研究"的重要组成部分.

1.3　论文的组织安排

　　论文是围绕着构建一套机器人远程控制的实验平台并在其上开
展机器人远程控制人机交互的若干核心技术的研究而展开:

　　第一章综述,说明基于网络的远程控制机器人发展状况,点明了
进行远程控制研究的意义,接着介绍了现有的实验条件以及论文工
作的背景及所希望达到的基本目的.

　　第二章对机器人控制器的体系结构进行了讨论,针对传统控制
器的不足,提出了一种新型的机器人控制系统的体系结构,对实验的
基本方案进行了论证比较. 还对基于网络环境的机器人远程控制系
统的一些关键技术,例如机器人状态数据的实时获取和控制器与客
户端的通信协议与交互流程进行详细讨论.

　　第三章对机器人远程控制技术进行了讨论,主要针对 Internet 下进行远程控制的关键技术进行了讨论,主要是讨论了时延问题对远程控制带来的影响并给出了一套控制算法,接下去又讨论了视频信号在网络上的传输,重点是讨论了视频的压缩技术,视频获取及其网络当中的流量控制与打包传输技术.

　　第四章对图形仿真技术和三维交互技术进行了讨论,主要是介绍了基于 OpenGL 显示的基本流程,给出了机器人运动仿真的基本流程框架,并对机器人运动建模与几何建模问题进行了介绍;对碰撞检测技术进行了讨论,结合在 OpenGL 中的具体应用,给出了与碰撞检测程序的接口. 介绍了力反馈的操纵技术及其在上下限控制与碰撞检测中的具体应用.

　　第五章主要介绍了摄像头的三维注册技术进行了讨论,介绍了摄像头的模型,并对几种常见的摄像头标定算法进行了介绍,对摄像头的畸变问题进行了讨论,提出了一种基于神经网络的摄像头畸变校正算法.

　　第六章对立体显示技术进行了深入的介绍,着重讨论了立体显示的基本原理以及立体仿真与立体视频技术的具体实现技术.

　　第七章是对全文的总结,对论文工作的创新点进行了归纳,对论文的一些不足进行了分析,并对下一步工作进行了展望.

第二章 远程控制机器人系统的体系结构

2.1 机器人控制系统的体系结构

机器人的性能很大程度上取决于控制器的性能. 传统机器人控制器多以实现本单元的内部控制为主要目的,采用专用的封闭体系结构,缺乏与外界进行全面信息交换的能力,系统功能的扩展、改变和维修都比较困难,一般须由系统供应商进行. 随着计算机技术的发展,为了能够克服传统机器人控制器的不足,出现了一些新型的机器人控制器[26-32]. 其中之一是"PC嵌入NC"结构的开放式机器人控制系统,这是一种专用数控软硬件技术与通用计算机结合的开发的产品. 它具有一定的开放性,但由于它的NC部分仍然是传统的数控系统,其体系结构仍是不开放的. 因此,用户无法介入数控系统的核心. 这类系统结构复杂、功能强大,但价格昂贵. 还有一类是"NC嵌入PC"结构的开放式数控系统,由开放体系结构运动控制卡＋PC机构成. 这种运动控制卡通常选用高速处理器作为CPU,具有很强的运动控制和PLC控制能力. 这类系统具有较好的开放性,它开放的函数库供用户在Windows平台下自行开发构造所需的控制系统. 再有一类是软件开放式数控系统,系统的CNC功能基本上由计算机软件实现,而硬件部分仅是计算机与伺服驱动和外部I/O之间的标准化通用接口. 因而这种开放结构运动控制卡被广泛应用于制造业自动化控制各个领域. 这种系统的开放性非常好,用户可以在其系统平台上,利用开放的CNC内核,开发所需的各种功能,构成各种类型的高性能数控系统,软件开放式数控系统具有很高的性能价格比,成为当今数控技术发展的方向. 传统机器人控制器的种种不足,从根本上说是由于网络通信能力的不足而网络通信是实现柔性的前提条件之一. 目前产品化的机器人通常都采用 RS232 和 RS422、485 作为标准配置,虽然也有些已经提供了以太网或者是工业总线作为通讯接口,但通常只集中在机器人维护和数据上传与下载等方面,在线控制能力相对来说一直是比较薄弱. 还有一个问题是机器人控制器的开放性问题,在进行机器人研究的时候,研究人员需要用于实验的机器人能够连接各种不同的外部传感器并且具备一定的二次开发功能以便对控制算法进行改进与提高. 采用开放式的机器人控制器尽管已经是一个趋势,但是这只是提供了技术上的一种可能性,出于商业上保护知识产权的需要,即使采用了开放式的体系结构也不一定会提供开放的软硬件接口,这给机器人研究与开放工作带来了很大的困难,国内和国外的学者对机器人控制器的体系结构进行了很多的研究[34-36].

我们提出了一种新型的机器人控制器框架,将机器人分解成了如下的几个部分,如图 2-1 所示.

机器人控制器是机器人的中枢,在具体实现当中,我们选择了采用单一 Pentium 芯片为 CPU 的工业控制微机(IPC)为硬件平台,选用产品工控板及相应的接口电路与机器人本体驱动及传感器系统连接,以通用的操作系统 Microsoft Windows 和 Linux 作为运行环境. 由于工业控制微机采用 PC 技术,能够最大限度地利用 PC 机成熟的硬件技术和软件技术,不断更新采用计算机技术的最新发展成果,这样做不仅保护了投资,而且减少了重复劳动,能够将主要精力投入到机器人控制技术的研究当中去. 另外在设计中尽量采用产品化的软硬件,也使系统具有低成本和高可靠性的特点. 从原理上讲,这种开放式的体系结构能够适用于各种不同类型的机器人本体(甚至其他的单元设备),只要根据机器人的不同情况,改变系统连接,并配以相应的控制软件即可. 这种类型的机器人控制器,代表了今后发展方向,具有广阔的应用前景.

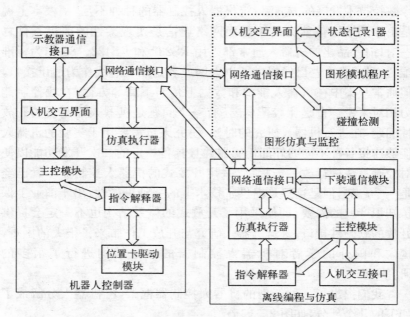

图 2-1 开放式机器人控制器系统原理框图

　　图形仿真与监控系统实际上是在经典的机器人离线编程与仿真子系统的基础上发展而来,除了完成标准离线编程与仿真子系统的基本功能以外,它还能够从机器人控制器或者仿真数据发生器接受机器人的状态数据,用于三维实时仿真也可以将它们存储起来用于将来的分析之用,这样就能够动态监视机器人的行为,并直接对机器人进行控制.实际上,该子系统已成为机器人控制系统的远程人机交互中心.图形仿真与监控子系统的主要功能是接收来自机器人控制器或离线编程与仿真数据发生器的机器人状态数据,并根据所得到的机器人状态数据来换算成机器人几何模型的关节状态数据,并据此来控制机器人几何模型的显示姿态,还要实时计算光线跟踪,完成机器人运动过程的实时三维模拟.另外,该系统还要将接收到的机器人状态数据直接回显在对话框中或者转换成末端的当前位置,用于显示机器人末端的轨迹,或者将整个运动过程的状态序列记录下来,在以后进行分析比较等等.该系统不但可以接收来自机器人控制器和离线编程与仿真数据发生器的数据,在必要时还可以反向向机器人控制器或离线编程与仿真数据发生器发送数据对它们的行为进行干预.

仿真数据发生器的功能与机器人控制器有许多相近之处,可以近似认为是机器人控制器的简化版本.主要差别是离线编程与仿真数据发生器不需要与示教器进行通信,也不需要去驱动位置控制卡.另外,严格地说,对机器人指令的编辑功能要求比机器人控制器略高一些.经过离线编程,并经仿真模拟反复修改调试好的机器人程序,通过网络下载到机器人控制器中予以执行.离线编程与仿真数据发生模块和图形仿真与监控模块的功能属于离线编程与仿真系统的范畴,在我们的系统中被分别实现在两台计算机上,主要是从增加系统的灵活性以及提高系统运行效率考虑.离线编程与仿真数据发生器,主要是用于模拟真实机器人控制器的工作流程,也就是要完成机器人指令的解释与执行,还要完成对机器人状态的切换.相对而言,计算量比较小,在具体实现当中,采用普通微机实现即可.

如上介绍的只是组成机器人的一些基本模块,对于多机器人的协同或者是多用户协同控制,或者是人机交互或者是人机协同等情况,只要根据基本逻辑功能将整个机器人系统分解为几个相关的模块就可以了.从某种意义上来说人也可以看做是一种智能体,而机器人本身也可以看做是一种智能体.这样就能够很方便地将控制器进行互连.从而起到非常好的效果.

系统中数据交换主要有以下几种情形:

1.机器人控制器和通信仿真与监控子系统的通信:在机器人控制器控制机器人运行时,控制器将当前的状态数据通过网络传送到图形仿真系统,以便使用户能够通过图形仿真与监控系统实时监视机器人的实际运动状态,在必要时用户还可通过图形仿真与监控系统对控制器的实际操作进行干预. 这里传送的数据是实时的数据流，因而必须通过网络编程的方法来实现.

2. 远程控制模块与机器人控制器的通信：当远端的远程控制模块想要控制机器人运行时，经过远程控制生成的机器人指令序列，也是以实时数据流的形式传递给机器人控制器，然后由控制器驱动机器人本体运行相应的指令序列.

3. 书馆离线编程模块与图形仿真模块的通信：在离线编程时需要模拟机器人实际运动过程，这一功能是通过离线编程模块中内置的解释器对机器人指令进行解释，实时生成机器人关节运动信息，并输送到图形仿真系统，完成图形仿真的功能. 同时将由离线编程模块生成机器人指令以文件的形式保存下来. 这部分功能其实和前面的两种级别类似，在这里就不再赘述了.

2.2 软硬件平台的构筑

控制器是我们自行研制的采用了工控微机（CPU 为 P4，256MB 内存，40GB 硬盘）来实现. 在单机控制器版本中，控制卡采用了研华公司的两块 PCL832 伺服控制卡（每个控制卡能控制三个通道），而 IO 卡采用 PCL730 来完成. 由于该卡没有提供 Windows 的驱动，底层 Vxd 驱动也由我们利用 Windows DDK 来自行开发，而上层软件则采用 Microsoft Visual C++6.0 来进行开发.

图形仿真与监控系统也是在一台带有专业图形卡的奔 4 级别的计算机上实现的. 研究基于网络的远程控制技术与监控技术，实际上是针对两个不同的方向：其一是高效性，其二是跨平台性. 跨平台性和易用性是指对用户的软硬件平台的要求较低，或者是一个源代码能够用于不经过改动，最多只需要经过一定的改动就能非常方便地运行在不同的软硬件平台组成的机器上. 很多工作都采用了这种技术方案. 尽管这些研究所采用的方法各异，技术路线也不尽相同. 但是它们大部分都采用了基于 Web 的方法来进行开发. 一般都是采用

CGI,Java 或者是 Vrml 等技术来进行开发,对客户端的软硬件配置要求不是很高. 但从另一方面来看,也带来了一些问题,那就是系统的效率往往会比较低,只能完成一些简单的交互,无法适应实时性和复杂功能的要求. 比较典型的例子是采用所谓动态网页技术来实现[33-41],例如 CGI 和 JAVA 技术,而图形仿真多采用 VRML97,JAVA3D 等技术. 以动态网页技术为例,一般都需要另外设置一个服务器,用于与用户打交道,而该网页服务器再与真正的机器人控制器打交道,而且数据也不是直接传送,而是也需要翻译成网页数据,从而造成效率低下,无法适应实时性的要求. 而从图形方面来看,在采用 VRML 时,可以通过浏览器在不同的平台上面运行,但是 VRML 本身一般功能都比较简单,如果要完成网络通信以及人机交互,一般必须借助 EAI 的方式,用 Java, Javascript 或者是 VBScript 来实现与外界的数据采用. 因为要能够保证跨平台的效果,一般这样的系统的运行效率都比较低. 很多学者都在这一领域进行了卓有成效的工作,并取得了一些成果. 我们也在这方面进行了一些尝试,用 VRML97 和 Java3D 实现了我们的图形仿真系统[42]. 高效性主要是从如何充分发挥计算机系统功能的角度出发来进行开发,能够获得较好的图形效果和响应速度. 这往往需要用户的计算机具有较高的运算速度,和较快的图形处理能力,并且为了充分发挥硬件的性能,往往需要针对计算机的具体软硬件配置,对所运行的程序进行优化. 例如需要完成对机器人现场的实时状态监视与控制,最好是采用网络通信的办法,而不是采用动态网页或者是基于 COM/DCOM 技术的通信的办法. 我们在具体实现中,也是采用了这个方案,在 PC 平台和 Windows 操作系统当中实现了系统. 该系统能够用具有真实光照和立体显示功能的图形仿真来模拟机器人的运动,通过与实时网络视频监控的配合,可以在远端很好地监视机器人的运动状态并对机器人进行实时的远程操纵. 我们的系统主要采用了 Microsoft Visual C++6.0 并选择 OpenGL 作为图形核心,通过与专业图形显示卡配合,实现了立体视频和图形的显示以及图形和图象的叠加显示[43, 44]. OpenGL 是 SGI 公司所开发的可独立于窗口系统、操作系统和硬件环境的三维图形库. 由于其高度可重用性和强大的功能，Microsoft、DEC、IBM、SUN、Intel、AT&T、Compaq 等许多大公司均予以支持. OpenGL 已广泛应用在包括各种工作站和高档微机中，成为事实上的图形标准，被人们广泛应用于科学可视化、实体造型、CAD/CAM、模拟仿真、图象处理、地理信息系统、虚拟现实等诸多领域. 近年来计算机技术迅速发展，随着奔腾和奔腾二代微机的出现，微机的性能有了长足的进步，其处理能力已达到过去工作站的水平而价格则低得多. Microsoft 和 SGI 等公司，不失时机地将 OpenGL 在 Win9x、NT 平台上予以实现，并且在 Visual C++2.0以上版本中内置了 OpenGL，这更为 OpenGL 在微机上的应用创造了有利条件，使广大微机用户能够享受 OpenGL 所带来的强大图形功能[45-48].

离线编程与仿真数据发生器，从逻辑功能上来看与机器人控制器是基本类似的，可以看做是机器人控制器的一个子集，开发的时候也是和机器人控制器结合在一起一并考虑的. 在实现上是在一台奔腾 3 计算机上实现的.

2.3　部分关键技术的讨论

在 Internet 当中传输，由于受到网络可靠性和带宽的限制，直接实时传送机器人现场的视频数据是不很现实的，因此我们采用的是所谓的遥现技术（Telepresense）来完成. 把机器人控制器当前的工作状态信息和各个关节的当前位置等信息通过网络传到图形仿真与监控子系统，并通过图形显示的方式实时地显示出来. 在此过程中，需要解决以下几个难点：第一个是仿真数据发生器对实时仿真数据的产生问题. 在仿真当中，很重要的一点就是要实时地产生状态数据，这就需要准确实时地产生精确的定时，而在标准的 Windows 操作系统当中，由于系统时钟机制的限制，所能控制的最小时间间隔是

55 ms,而在实际机器人仿真当中,为了能够产生比较好的图形仿真效果,最好能够达到每秒 30 帧数据,单纯使用标准的系统时间显然是无法满足要求的.第二个难点是机器人当前状态数据的实时反馈问题,必须使系统的当前状态及时地反馈给远处控制端.第三个难点是机器人之间的实时机制,也就是说机器人各个部分分为哪几个状态,在什么情况下发生状态转换以及在各个状态下的工作流程都必须充分予以考虑才行.这些将在下面的节里面进行讨论.第四个难点是机器人系统的三维交互以及碰撞检测技术.因为远程机器人控制当中很重要的一个功能就是要能够在远端对机器人进行控制,选择合适的交互手段对机器人进行控制非常重要.

2.3.1 仿真数据发生器的实时数据产生

仿真数据发生器主要完成的功能是读入机器人的指令文件,并对机器人指令进行解释,模拟机器人控制器的时序关系,动态产生机器人状态序列,提供给机器人图形仿真与监控系统用于进行机器人指令模拟.在实现中有两种选择,一种是通过一个虚拟设备驱动程序,来模拟机器人位置控制卡的行为,其调用格式完全与机器人位置控制卡的驱动程序相同,这样做的好处是在进行机器人控制与机器人运动仿真时的情况完全相同,区别仅在于底层驱动程序不同.另一种方式是采用独立的机器人解释器,解释机器人指令,并根据每一条机器人指令的时序关系,产生机器人的关节数据.前者的好处是只要开发出此模拟设备驱动程序,整个仿真数据发生器的开发工作就可直接利用机器人控制器的成果,但要通过软件模拟机器人位置控制卡的功能则并非易事.而后者虽然也可借鉴机器人控制器的大部分功能模块但由于一个是被动通过数据而一个是需主动产生数据,因而需对程序的结构进行适当的调整,需要独立的产生精确的时间定时,由于在 Windows 中,标准的系统定时间隔是 55 ms,要想获得更加精确的定时,用系统调用已经无法完成,我们采用了多媒体定时器的方法,采用这种方案定时的最小间隔能够小到 10 ms,完全能够满足实际的要求.

2.3.2　机器人控制器的实时状态数据传送

自从 1969 年推出第一个微处理器以来,Intel 处理器就在不断地更新换代,从 8086、80286、80386、80486、奔腾、奔腾 2、奔腾 3、奔腾 4,体系结构也在不断变化. 80386 以后,提供了一些新的功能,弥补了 8086 的一些缺陷,这其中包括内存保护、多任务及使用 640 Kb 以上的内存等,在功能上有了很大的增强并仍然保持和 8086 家族的兼容性. 早期的处理器是工作在实模式之下的, 80286 以后引入了保护模式,而在 80386 以后保护模式又进行了很大的改进. 386 及以上的 CPU 实现了 4 个特权级模式(Windows 只用到了其中两个),其中特权级 0(Ring0)是留给操作系统代码,设备驱动程序代码使用的,它们工作于系统核心态;而特权极 3(Ring3)则给普通的用户程序使用,它们工作在用户态. 运行于处理器核心态的代码不受任何的限制,可以自由地访问任何有效地址,进行直接端口访问. 而运行于用户态的代码则要受到处理器的诸多检查,它们只能访问映射其地址空间的页表项中规定的在用户态下可访问页面的虚拟地址,且只能对任务状态段(TSS)中 I/O 许可位图(I/O Permission Bitmap)中规定的可访问端口进行直接访问(此时处理器状态和控制标志寄存器 EFLAGS 中的 IOPL 通常为 0,指明当前可以进行直接 I/O 的最低特权级别是 Ring0). 象 Linux 和 Windows 9X 和 NT/2K/XP 操作系统工作在保护模式下. 一般应用程序都运行在 Ring3 下,受到严格的"保护",只能规矩地使用有限的资源. 如果想进行一些系统级的操作,例如像在 DOS 下那样调用一系统服务(如 BIOS, DPMI 服务)或者是对硬件进行操作,都会导致"非法操作". 主要的原因在于在保护模式下,只有在 Ring0 模式下的程序才能够对硬件进行访问,而运行在 Ring3 模式下是无法对硬件进行直接访问的. 工作在 Ring 模式下的应用程序要想对硬件进行访问,必须通过工作于

Ring0 的虚拟设备驱动程序（Vxd）来间接进行.

对位置控制卡的操作，就是通过虚拟设备驱动程序来完成的. 机器人控制器的控制程序（如指令解释器、用户界面、网络通信模块、示教器通信模块等）由于对时间要求不是那么严格，均放在用户级（Ring3）. 整个控制器的节拍实际是由位置控制卡来控制. 在设备驱动程序内部存在一个各轴脉冲队列，机器人指令解释器对机器人指令进行解释将机器人各轴的运动脉冲数据填入缓冲区尾部. 送入缓冲区中的数据并不是立即执行的而是依次被位置控制卡读出执行. 当位置控制卡的读取中断请求产生时，由驱动程序从数据队列的头部来读取数据并写入位置控制卡，再由位置控制卡通过伺服电机驱动器来控制机器人本体完成相应的动作. 当数据队列被读空后，再通知机器人指令解释器提供新的机器人脉冲数据. 由于设备驱动程序与机器人指令解释器分别处于不同的运行级别，工作于异步状态，机器人本体的当前状态并不与机器人指令解释器的输出相一致，而是存在一个滞后. 如果直接将机器人指令解释器的输出通过网络发送到图形仿真与监控子系统，图形仿真就会与机器人本体的实际运动状态不一致，产生超前现象. 由于超前时间不定，不能用简单的延时环节来进行修正. 为了使机器人仿真与实际运动同步，就必须使两者的状态同步. 但由于位置控制卡对实时性要求较高，如果网络通信程序直接读取设备驱动程序的数据队列，则会使设备驱动程序的数据完整性被破坏，影响控制器的稳定. 为了解决这一问题，引入了指针同步机制，其基本原理图如图 2-2 所示. 具体做法是在用户区设立一个与驱动程序区完全相同的数据队列，并新设立一个指针指向该队列. 在位置控制卡驱动程序中的中断处理程序中加入相应指令，使得在读取数据队列中的指令后，不但移动驱动程序中数据缓冲队列的指针，也同时移动映象队列的指针. 在指令解释程序中也进行相应的修改，在向驱动程序的数据队列提供数据的同时也向映象队列提供数据，很好地解决了问题.

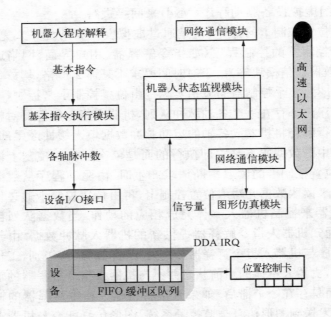

图 2-2 机器人控制器实时状态监控示意图

2.3.3 机器人图形仿真与监控系统的实时监控机制

图形仿真与监控系统的仿真显示的时序完全由机器人控制器或离线编程与仿真数据发生器来控制,另外为了防止由于数据传输发生突发错误而导致仿真出错,状态数据的传输采用了绝对坐标的方式.在具体实现中我们实际上是采用了 3 个 Socket 来完成远程控制与监控的功能,采用了多线程技术来使得他们能够并然有序地完成通讯的工作,如表 2-1 所示.Socket1 拥有最高的优先级别,主要用于向机器人控制器发送指令,并将机器人当前的状态反馈给远程监控端.由于涉及远程监控的核心,对实时性要求最高,有最高的优先级别.用 UDP 来传输,为了保证控制的可靠性,还采用了指令确认机制,也就是说如果一条指令发出后如果没有得到及时的应答,就视作该指令传输失败,还会重新发送一条指令来给控制器系统.

表 2-1　书馆在机器人远程与监控系统中的三个 Socket

Socket 编号	Socket 类型	客户端(监控仿真端)发送的数据	服务器端(机器人控制器)发送的数据	相对优先级
1	UDP	远程监控数据	机器人控制器当前的状态数据	1
2	UDP	机器人模型的运动状态	机器人关节坐标	2
3	TCP	机器人指令文件	机器人指令文件	3

Socket2 的优先级别比 Socket1 稍微低一些,主要用于向机器人反馈远程监控系统中的机器人模型的当前状态,主要是用在机器人远程示教的时候.而另一方面,也即使反馈机器人的当前状态给机器人,以便能够在远端及时了解机器人的实际运动情况.

Socket3 主要完成机器人指令文件或者单条或者多条指令序列的传输,由于都是指令级的传输,其实时性的要求比前两种情况来得要低一些.但同时需要保证传输过去的整个文件或者整个序列的完整性,因此采用了 TCP 的方式来传输.

之所以采用三个 Socket 来分别处理不同的数据,主要是考虑到不同类型的数据对数据传输的要求是不同的,另外,不同的数据在不同的 Socket 端口发送,从编程的角度来看,逻辑关系比较清楚,不易发生数据混淆.另外,这样做也便于针对具体的数据的要求合理分配网络通信的带宽和程序执行的优先级.如图 2-3 所示为客户端的类结构图.收发器被设计为一个逻辑的网络端点,在程序中被设计为一个类(TTransceiver).三种数据都能通过这个类发送到对应的 socket 上,并且一旦收到某个 socket 上传来的数据,要及时通知用户.发送的功能由收发器本身实现,而接受通知的功能由一个叫做收发器适配器(TTransceiverAdapter)的类实现.

网络上所有的数据为了方便都使用一种格式传输(_ROBOT_DATA),而在程序中流通的数据格式都使用 TRobotControlMsg 派生

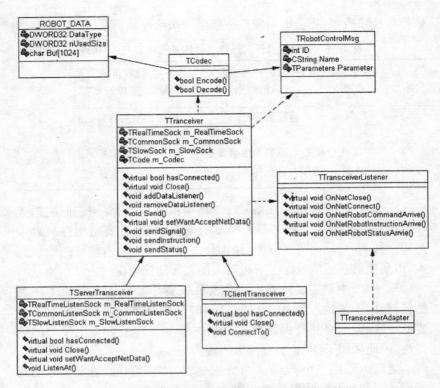

图 2－3　机器人控制系统客户端网络通信类结构图

类,这个类的派生类可以存储不同类型的数据:状态、信号、指令.
TCodec 类用于在这两种数据格式之间转化. TTransceiver 类拥有三个
socket 对象和一个 TCodec 对象,一个 TTransceiverListener 类指针.
TTransceiverListener 类是一个事件监听接口的概念,一旦 TTransceiver
接受到 socket 上传来的数据,就可以调用 TTransceiverListener 类指针
指向的方法,如果用户重载了 TTransceiverListener 的方法,那么一
旦收到数据就回调了用户方法,由此实现接收通知功能. 而
TTransceiverAdapter 类是 TTransceiverListener 类的派生类,其区
别是 TTransceiverListener 中的方法是纯虚函数,必须全部重载,而

TTransceiverAdapter 中不需要全部重载. TServerTransceiver 类以及 TClientTransceiver 类都派生了 TTransceiver, 处理服务器端和客户端不同的逻辑, 最显著的就是 TServerTransceiver 类多了 3 个 socket 对象指针, 用于监听连接请求.

客户端采用了一种状态机机制用于决定客户端各种状态的切换. 客户端需要记录许多状态, 如: 机器人是否已经打开, 网络是否已经连上, 现在是否可以给服务器发送指令等等.

图 2-4 为机器人远程控制状态转换图, 显示了当收到服务器端发来的控制信号时, 状态机如何跃迁. 这实际上只是一个简单的模型, 实际的状态图要复杂许多, 除了考虑状态跃迁之外, 还需要改变 robotOn 等标志, 还有一些控制界面的逻辑, 比如: 在 rosInterpretReady 状态下, 允许运行机器人指令, 但是禁止按下指令暂停键; 而在 rosInterpretRunning 状态下, 允许禁止机器人指令, 但是允许按下指令暂停键.

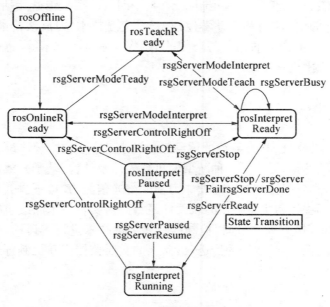

图 2-4   机器人远程控制状态转换图

在网络关闭时,无论处于何种状态都要跃迁到 rosOffline,当服务器收回控制机器人的权限时,无论处于何种状态都要跃迁到 rosOnlineReady. 在 rosOnlineReady 状态下,当没有控制机器人的权限时,需要同步显示机器人的运动状态.

程序有两种控制方法,一种方法是指令解释方式,另一种是示教方式. 指令解释方式下,客户端需要打开一个机器人程序,然后把程序或一条条或整个传给服务器端,让服务器端运行,同时回显机器人状态. 在示教方式下,客户端可以控制一个机器人模型运动,同时不断把状态发给机器人,让机器人"学会"如何运动. 要想获得对机器人的控制权:首先要获得服务器端的许可,一旦服务器允许,就得到了操纵权限. 然后可以通过发送控制信号,打开机器人,控制复位等操作.

以上讨论了机器人远程监控中需要碰到的一些关键技术,还有一些关键技术,例如远程控制技术,基于网络的视频传输,图形仿真,机器人的几何建模和运动学建模,三维交互技术,力反馈技术,碰撞检测技术,摄像头的标定与畸变的消除,立体显示技术等,将在后面的章节当中进一步的展开.

2.4 小结

本章针对机器人系统的体系结构进行了讨论,针对传统机器人控制器的不足,提出了一种新型的机器人体系结构,基于开放的软硬件平台,具备很强的二次开发能力和网络通信能力. 接下去介绍了所构筑的远程控制实验平台的软硬件平台并对实验技术路线进行了深入的讨论. 接下去,对远程控制的一些关键技术进行了讨论,如实时数据的产生,实时数据的传送,机器人的实时监控交互机制等进行了详细的讨论.

第三章　机器人远程控制技术

　如前所述,对机器人进行远程控制(遥操作)具有很大的意义.近年来随着计算机技术的发展,特别是网络技术的迅速发展,为机器人的遥操作的研究与应用提供了很好的研究手段与应用平台.

　　在远程控制系统当中,所要面临的第一个问题就是时间延迟问题[45-50].时间延迟问题又可分为两种,一种是恒定延迟,另一种是可变延迟.恒定延迟通常是由于工作现场与远程控制端的距离很远,以至于与所传输的介质的传输速度可比拟的时候而造成的,这时信息的传输不是在可以忽略的瞬间完成的,而是有一个明显的等待时间.在水下机器人当中,由于水对无线电波的衰减很厉害,只能用长波或者是超声波来进行信息的传递.声波本身的传输速率较低,这样也会使得在水下的机器人与位于陆地的操作者之间的信息传输产生明显的延迟现象.还有一种延迟,不是由于传输速率的问题而产生的,而是由于其他的原因而引入的,这样的延迟通常时间是不定的.对于基于普通 Internet 的远程机器人,由于位于工作现场的机器人和位于远端的控制端是通过公共网络而不是通过专用网络来进行互连的,两节点间的通信可以通过不同的路由来完成,而不同的路由所产生的时延也是不同的.另外,在 Internet 当中,普遍采用以太网技术,以太网采用的是碰撞检测与重发机制,当网段内发生碰撞时,是通过节点间随机等待一定时间后再重新发送的办法,这样也会造成不定的时延.另外,Internet 的传输,可能需要经过很多条线路,才能构成两个节点间的连接,而且有可能还采用了存储转发机制,这也可能产生一定的时延;在数据传输当中可能发生错误,需要进行重传,导致数据的重发,这也会导致不定时延的产生.

　　无论采用何种通信方式,都很难避免数据传输当中会发生差错,当传输发生错误时,如何采用某种容错技术来保证机器人不至于失控,这也是一个棘手的问题.

3.1 远程控制问题的讨论

在进行大时延远程控制中,一个关键的问题是如何在大时延和有限带宽条件下,使操作人员获得及时的、连续的视觉和运动觉反馈信息,实现遥现. 这对于增加远程控制的透明性,充分发挥操作员的感知、判断能力,从而提高系统的整体性能. 由于远程控制时,操作者不在工作现场,为了能够有效地对机器人进行控制,需要有很强的三维交互能力. 它包括两个方面,一方面是需要尽可能多的了解工作现场的情况,还有一个问题是要方便灵活地对远端的机器人的行为进行干预,从而更加有效地对机器人的行为进行干预.

机器人的时延 T_r 可以用下式来表示:

$$T_r = T_c + T_p + T_d + T_v \qquad (3-1)$$

其中 T_c 为通信时延,包括通信初始化的时间和在介质当中传输时间,T_p 为机器人系统的执行时间,T_d 为数据传输的时间,$T_d = (D_s + D_r)/V_L$,其中 D_s 和 D_r 是发送和接收端每一帧数据所传输的字节总量,而 V_L 是线路传输速度,与传输的介质以及网络的具体状况有关,T_v 是扰动时延,主要是由于在网络传输当中不可预测的扰动,例如数据的丢失与传输中的差错或者是信息次序颠倒进行重新整理与排列而造成的重新传输.

随着 Internet 的迅速发展,基于网络的机器人远程控制研究取得了很大的发展. 但是由于网络延时和数据报丢失的随机性和不可预见性,使得远程控制中数据的传输并不是总能保证数据是完全可靠的,也就是说在网络传输当中可能会发生数据的丢失和延时. 这一情况在局域网当中尚且不是很明显,尤其是在两台计算机直接连接或者是通过网络交换机的时候肯定是不会很明显. 因为在这样的情况下,网络的带宽很宽,而且又是基本上独享这些带宽.但是在基于Internet当中,这样的问题就会变得特别的突出了.时延问题是远程控制机器人最主要的问题,时延对远程控制机器人最大的问题是造成联系操作闭环反馈控制系统的不稳定.

预测显示(Predictive Display)是大时延远程控制中的一项关键技术.它根据物体和机器人的几何模型和物理模型,构造虚拟环境和虚拟机器人.一方面虚拟机器人能够即时响应操作员的动作,进行连续运动,从而提供即时的视觉反馈;另一方面,通过仿真运行,虚拟机器人能够按照规划的程序预测显示机器人的运动轨迹,使操作员可以对指令序列进行验证和优化,增加操作指令的合理性,从而提高系统的安全性和可靠性.

对于复杂的远程控制任务,单纯的视觉反馈信息是不充分的,往往需要包括视觉、力觉在内的多种反馈.在预测显示研究中,人们试图把力觉以某种形式表现出来.实验表明,多种传感信息的融合有助于提高远程控制系统的性能.

由于任务的复杂性和作业环境的不确定性,目前还很难实现空间机器人的完全自主,因此现在一般的想法都是基于人机交换的局部自治和预先显示.

由于传输图象数据需要占用很大的带宽,一方面可能为信道所不允许,另一方面也可能会因为流量的增大,在以太网当中增加发生碰撞的机会,从而造成时延.因此,在带宽要求较高的情况下,常采用只传输机器人和物体的位姿信息并在远程控制端用图形仿真的方法进行展示.这从一个角度来考虑是一种图形仿真,根据发过来的机器人状态数据,来让虚拟的机器人模型进行运动,从另一个角度来看也可以看做是一种科学可视化,是将远方发过来的关节姿态,以及机器人的状态信息通过图形化的方式来展现出来,以便让处在远方的操作者能够更加直观地了解工作现场的机器人的真实工作状态.这主要是基于在结构化操作环境中,物体的几何模型是已知的,机器人的运动可以看做一种刚体的运动,也就是说,把机器人看做是由多个关节连接的连杆构成的,机器人的运动只是连杆在关节处发生了旋转或者是平移的运动.根据关节的数据,就能够确定某一时刻关节的姿态.而且由于几何模型是已知的,这样就能够在虚拟环境中比较容易地实现视点的改变,以及场景漫游,甚至是立体图形的显示.通过位姿信息而非视频图象实现了操作现场的遥现,这将大大降低对通信带宽的要求,从而可以在有限带宽条件下实现对操作环境的连续观察.

机器人远程控制的目标是让操作器代替人完成各种灵巧的操作任务,这有赖于操作员和操作器之间充分的信息交换,其中的关键在于操作员能够获得充分的操作环境状态信息.为了能够获取工作现场的信息,通过视觉的方法来对现场的状况进行展示是非常必要的.为了能够展现现场的信息,通常是通过视频的方式,也就是通过摄像头获取工业现场的信息,并通过通信的方式传输到控制端.采用视频的方式对工作现场的状况进行监视是一种非常直观的方法,但是由于视频数据的传输需要占用很大的带宽,因此不太适应带宽要求不太充裕的场合.还有一个问题是,如果视频信号传输是一种连续数据流的方式,如果整个系统存在延迟,很难对延迟进行补偿.

3.2 视频监控技术及其在机器人监控当中的应用

尽管利用图形仿真作为机器人仿真监控是一种可行的方案,但是利用视频传输的办法来对机器人进行远程监控具有一些独特的优势.其一是非常直观,所反映的状况就是工作现场的实际图象;其二是从传输的内容来看比较简单.主要解决视频信号的获取、压缩、网络传输及回放等问题,而不需要像仿真那样需要了解机器人的运动学、动力学特性,特别适合于场景经常变化的动态环境.视频信号所占的带宽较大,必须对其进行有效的压缩,才能在网上进行传输,然后再进行解压缩和回放.针对视频数据的传送.传统 TCP 和 UDP 格式由其自身局限无法很好的实现,必须采用适合于流式多媒体传输的网络协议才能完成.

整个视频网络传输系统的系统原理图如图 3-1 所示.整个系统有视频发送系统和视频接收子系统构成.图象首先由摄像头采集,并经过转换后变为数字化的未压缩的视频流,该视频流被读入计算机并被计算机压缩后变为压缩的数据流并通过网络发送出去,而在接收端,通过网络接收的压缩的视频流被通过解码器接收并被转化为未压缩的视频流并通过计算机的显示系统显示在屏幕上.一个完整的网络通信系统实际上由 7 个子模块构成,并分布在作为客户端和服务器端的计算机.其中服务器端有 4 个模块,而客户端有 3 个模块.按照功能来分有视频信号捕捉;视频信号的压缩编码器;视频信号的网络收发系统和视频信号的捕捉还原显示系统等几个部分构成[50-53].

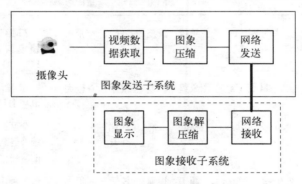

图 3-1 视频传输监控子系统

没有经过压缩的视频信号将会占用很大带宽,以 PAL 制式 CIF 格式的真彩色视频,其 RGB 数据至少需要 $352 \times 288 \times 3 \times 8 \times 25 = 58.01$ Mb/s 的带宽.要想在网络上直接传输这样的信号是十分困难的,必须对视频信号进行某种压缩.关于视频压缩的算法和标准很多,其中 ISO 与 IEC 联合制定的 MPEG 系列和 ITU-T 的 H.xxx 系列标准占视频压缩编码技术的主导地位.其中常用的视频压缩方法有 MPEG-1、MPEG-2、MPEG-4、H.263 等,另外 ISO 和 CCITT

为静态图象制定 JPEG 数字图象压缩标准,也广泛运用于压缩图象序列(视频,如表 3-1 所示. 以上算法各有优势,对于不同的信道可采取不同编码方案,以满足远程分布式监控和硬盘录像的需求. 对于 10/100 Mb 的局域网和 E1 通道,可采用 MPEG-1;对于 ISDN 和 DDN,采用 H. 263;对于 PSTN,采用 H. 263 或低码率的 MPEG-4,如果对图象质量要求较高,对连续显示要求不高时可以采用 CIF 或 QCIF 格式的 M-JPEG,其他通道具体情况具体分析. 表 3-1 为几种常见视频编码方式的比较.

表 3-1   几种常见视频编码方式的比较

编码标准	CIF 图象压缩后数据率范围	解码单元	抗信道干扰能力	图象性能	视频数据丢失对视频质量的影响	适用范围
MPEG-1	1.5 Mb/s	图象组	较差	好	很大	2 MB 以上带宽的稳定信道:LAN、El、VCD 等
MPEG-2	2～14 Mb/s	图象组	较差	很好	较大	宽带网络、有线电视 DTV、DVD 等
MPEG-4	4.8～27 Mb/s	视频对象	强	与码率有关	小	交互式多媒体系统及各种基于对象的应用
M-JPEG	2.0～8.0 Mb/s	帧	很强	较好	很小	各种不同速率信道,如 E1 PSTN 等
H. 263	64～512 Kb/s	帧	较强	一般	一般	64 KB 以上信道:ISDN PSTN 等

视频编解码的速度直接影响到视频处理及通信的性能,因此优化编解码器(Codec)也非常关键. 综合各方面考虑,我们选择了 MPEG-4 压缩解压缩算法.

在 Windows 中,应用程序不能直接对硬件进行操作,必须通过设备驱动程序来完成[54]. 对于视频设备也是这样. Windows 采用了两种机制来对视频设备进行管理，一种是 Video for Windows，另一种是 Directshow. Video for windows 最早出现在 Windows 3.1 中并一直沿用至今，而 Directshow 是在 Video for Windows 的基础上发展而成. 现在主流的 Windows 系统都提供了对 Directshow 的支持. 一般视频设备的驱动程序都提供了对 Directshow 的接口. 实际上现在的很多新的设备已经不直接提供对 VFW 的支持，但是可以通过 DirectShow 的模拟 VFW 函数来提供对其的支持，保持向下的兼容性. 其他应用程序对视频设备的访问一般都是通过 Directshow 接口和 VFW 接口来完成的.

DirectShow 主要提供播放本地文件或 Internet 服务器上的多媒体数据以及从视音频采卡等硬件设备中捕获多媒体流的功能. 它能够播放多种压缩格式的视音频文件(或流)，包括 MPEG，QuickTime，AVI，WAV 以及基于 Video for Windows 和 WDM(Windows Driver Model)的视音频捕获流. DirectShow 的核心是被称为过滤器(filter)的插件式模块系统，该系统配置在过滤器图表(filter graph manager)中. 过滤器图表管理器(filter graph manager)组件负责检查这些过滤器的连接和控制过滤器间的数据流动.

用 DirectShow 来实现视频监控的基本原理图如图 3-2 所示. 和前面的方案一样，系统也是在两个计算机上实现的. 其中的服务器端由三个模块构成，其中的源滤波器从捕捉卡或者数码摄像头获取视频流，然后送到转换滤波器去进行压缩，这里我们选择了 Divx (Mpeg4)的压缩编码器. 压缩好的数据被送到递交过滤器-网络发送器去完成. 而在接收端，源过滤器-网络接收器接收压缩视频数据流，然后被输送到转换滤镜- DivX(Mpeg4)解码器解码，解码后的视频流被送到递交滤波器绘制到屏幕窗口当中.

在进行 Directshow 的开发当中，需要首先考虑的问题就是必须首先获得系统的数据，因为无论何种视频流都是以 Sample 的形式来进行传递的. 一个 Sample 就是一帧数据，一般在 Directshow 的滤镜

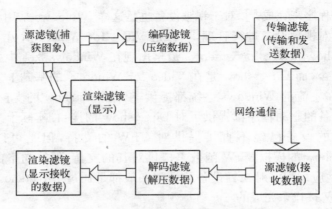

图 3 – 2 **Directshow 视频传输系统框图**

都是采用多线程机制. 为了保证数据的完整性, 采用了互斥信号量机制. 在数据传输当中, 我们采用了独立的网络传输线程来传送数据. 我们采用了一个 FIFO 缓冲队列来存取多帧视频数据. 该队列的数据取自系统的视频 Sample, 一帧帧的视频 Sample 从系统缓存当中被读出来, 并被放到视频缓冲队列中, 随着数据的不断被读入, 队列的长度在增长, 发送线程有一个指针指向视频缓冲的头, 将该帧数据发送出去, 并将该帧数据缓存给释放出来.

　　由于网络通信 UDP 协议的限制, 每次发送的数据包的存储大小不得超过 65 535 字节 (也就是 64 KB). 传输的帧视频数据可能会很大, 以未压缩的一幅 320 * 240 24 位真彩为例, 每一帧数据有 300 多 KB. 为了将其在网络中顺利地发送, 采取了一些措施, 根据视频图象传输的要求扩展了 UDP 协议, 增加一些处理机制以保证视频数据传输的正确和有序. 对发送端的每一帧数据进行分包 (每包 10 KB), 而在接收端从网络中获得来的一包包数据合并成帧数据. 发送端: 从存放帧视频数据的队列取出数据后, 就要向网络发送. 发送不能将整个一帧数据发送, 所以又将其分解成若干个小的数据包 (PACK), 使得每一个数据包的大小不超过 10 KB. 对帧数据的分解是动态分解, 如果分解的一个 PACK 是 10 KB, 而只发送了 7 KB 的话, 就将剩余的 3 KB 保留,作为另一个 PACK(10 KB)中的数据发送. 对最后剩余的数据(不满 10 KB)就直接发送.

我们为每一个小的数据包加了一个包头结构,结构如下:

```
typedef struct MSG_HEADER
{
    long lFrame;
    long lDataSize;
    int iPackNum;
    bool bLast;
} * PMSG_HEADER;
```

lFrame	lDataSize	iPackNum	bLast	分组的视频数据

在包头结构里,定义了 4 个成员:long lFrame 记录的是发送的帧号;long lDataSize 记录这一个数据包发送的视频数据的大小;int iPackNum 记录这是该帧中的第几包数据,记录着包号;bool bLast 记录这是不是该帧中的最后一包数据. 这些成员为了以后在接收方把同一帧号的数据包合成一帧做准备. 数据包发送的顺序标记,用以检测传输中是否有数据丢失,并用在接收端来重新排序.

发送方在发送完一个分组的数据后,指向存放视频数据的缓存区的指针就向后偏移一个大小为 lDataSize 的分量,然后继续发送以后的包. 等一帧数据全部发送完后,就丢弃这一帧数据. 在接收方接收到一个个视频数据包后,根据数据包的包头信息标记对数据包进行重新组合排序,并恢复成一帧帧的完整的视频数据. 如果接收的数据包的帧号(lFrame)相同,并且是顺序的包号,就将它们逐一放入接收方另开的一个放帧视频数据的缓存区中;如果接收的数据包有不连续的话,就丢弃该整帧数据. 接收方将已经存放着的整个一帧的视频数据,放入队列(队列的结构和发送方相似),准备传送到渲染过滤器(Render Filter). 在此同时,不断从队列中取出一帧帧视频数据,发送到渲染过滤器,同时丢弃该帧数据,这样处理可以减小系统的内存开销. 在传输的过程中,可能会出现传输超时和分组丢失的情况. 视频图象传输要求实时性很高,且允许一定的传输误码率,接收方对于发送的数据包超过时限未能接收到,则认为数据包丢失. 如果分组数据包丢失小于一定数目时,则简单地丢弃该分组的数据. 如果数据包丢失的数目多,而且多数分组发生丢失现象,则认为网络阻塞,降低发送方的发送速度. 在更严重的情况下,就认为网络断开,停止发送.

客户端接收的数据必须进行一定量的缓冲,然后才能交由解码器处理. 接着一边动态地接收数据,一边对得到的新数据进行解码回放. 通过双缓存的办法来完成数据的交互与同步. 其基本思路是建立一个自己的队列,用于存储自己待发送的视频数据. 然后通过里面有很多空闲的包单元,通过网络传输的数据包,被客户端接收后被放到某个空闲的包单元中,并将该单元的指针放到数据列表 DataListd 当中,等待 Directshow 相应滤镜的处理. 在网络接收端,当客户端接收到一个包的数据,从 PoolList 队列的头拿出一个缓冲,存放数据,然后将这个缓冲加入到 Datalist 的尾部等待 DirectShow 的滤镜读取. 而解压滤镜从 DataList 队列的头拿出一个缓冲,读取数据,将读完的包缓冲块加入 PoolList 的尾部等待再一次地接收数据.

在发送端也采用了类似的结构. 由源捕捉滤镜来的视频数据流在经过压缩后按帧打包,并被依次放到 PollList 中的包缓冲单元保存,放好数据的包缓存单元被连接到 DataList 当中. 而网络通信程序不断地读取系统显示内存当中并对数据进行处理.

我们设计的系统能够在 320X240 的分辨率下以 30 帧/s 的速度在两个计算机之间实时传输数据. 经实际测试,时延小于 0.1 s(在摄像头前快速挥动双手,屏幕中的图象和实际场景中看到的手的运动完全同步,观察者感觉不到明显的滞后),能够满足实时视频监控的要求. 当服务器端和客户端都采用 P4 1.8 G 256 MB 内存,Geforce 4 MX440 显示卡和 100 MB 网卡网络传输时,CPU 占用率分别为 80% 和 30%,说明这样的配置能够胜任视频传输工作. 以单路 320X240 真彩色动态视频数据为例,如以 15 帧/s 的速度传输,所占用的带宽为 55 Kb/s,而以 25 帧/s 来进行传输的时候,所占用的带宽约为 70 Kb/s;而以 30 帧/s 来传输时,所占用的带宽约为 90～95 Kb/s,CPU 占用率约为 92%.机器人视频监控窗口如图 3-3 所示.

图 3-3 机器人视频监控窗口

3.3 远程控制的实现

为了能够开展机器人远程控制的研究,我们采用了如图 3-4 所示的平台.在构筑机器人控制系统的过程当中,采用何种方式将机器人的各个部件连接到一起是非常重要的事情.我们选择了高速以太网来将机器人系统的各个部分连接起来.因此需要在每一个节点都配备高速以太网卡,并通过交互式 HUB 来连接.尽管有许多方法能够满足两台计算机间的通信要求,但是基于兼容性和效率上的考虑,我们采用了 TCP/IP 协议作为通信协议,TCP/IP 是目前广为应用的

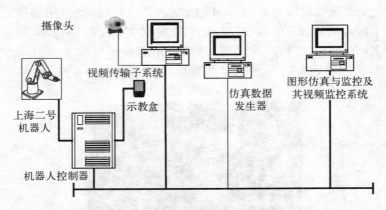

图 3-4 机器人远程控制实验平台系统结构图

互联网络协议,无论从可移植性、可使用性还是从发展前景来看,采用 TCP/IP 协议来开发通信软件都是一个最佳的选择. 目前,Socket 已逐渐成为网络通信软件开发的标准与规范,具有技术成熟、功能完善、跨平台支持的特点. Windows Sockets 是 Socket API 在 Windows 平台上的具体实现,它很好地继承了 Socket API 先进的功能并针对 Windows 平台的特点进行了扩展,文档资料也较为齐全,因而选择了 Windows Socket(简称 Winsock)作为网络编程接口. 这样就能够非常方便地和运行在不同平台下的系统进行数据交换. 主要是完成图象数据的采集与发送. 从逻辑关系来看,其实也可以归并到机器人控制器和图形仿真与监控当中实现,但是因为图象的采集、压缩和解压缩需要传输与回放占用大量的系统资源. 如果机器过慢显然是不行的. 视频传输需要占用一定的软件和硬件资源,对实时性也有较高的要求,而机器人控制器本身对实时性的要求也很高,如果放在一台计算机上来完成,将容易引起软硬件的冲突,同时给系统的稳定性造成困难,因此将该部分独立出来,分别在两台 P4 计算机上予以实现. 主要是考虑到图形传输子系统采用了客户和服务器结构.

3.3.1　视频传输的流量控制算法

考虑到基于 Internet 传输的情况,采用了如下策略来保证在 Internet 环境下视频传输系统工作的稳定.其基本原理图如图 3 - 5 所示.其核心思想是在服务器端增加了一个视频传输流量控制模块,并增加了客户端接收缓冲区尺寸变化的反馈.根据客户端所占用的缓冲区大小就可以近似的知道当前传输的速率是否合适.当视频接收缓冲区当中视频帧比较多时,说明视频帧有堆积现象,此时应减小视频传输的帧数,以适当系统的时延得到改善;此时减小视频的传输帧数而在接收数据区中积累的数据较小时,说明传输的带宽足够,为了获得比较好的传输质量,可以适当的增大传输数据的帧数.

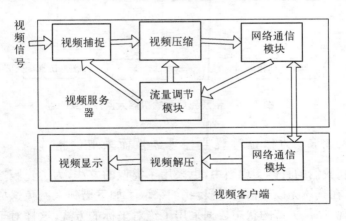

图 3 - 5　带流量控制的视频传输系统框图

3.3.2　网络传输当中流量的控制与传输延迟的补偿

在网络传输当中,为了能够更好地传输还有一个问题需要考虑,那就是网络传输当中的时间延迟.如图 3 - 6 所示为带预先显示功能的机器人监控系统的原理图.左面的两个模块在机器人控制器当中,而其余的模块则在图形仿真与监控子系统当中.在 Internet 当中,时间延迟是不定的,为了能够准确地把握网络延迟的动态状况,采用了 ICMP 协议来对系统的延迟进行估计. 图形仿真与监控系统通过定期发出 ICMP 测试包到机器人控制器,而机器人控制器再接收到该测试包以后立即进行应答,根据时间戳就可以近似得到整个系统的时延 Δt. 通过网络传输过来的状态,经过一定的时间延迟才能到达客户端,为了能够准时地获得机器人的运动状态,采用了预测显示技术,也就是图形仿真不是根据实际系统反馈值而是通过模拟仿真的方式来产生,如果仿真的超前值就是系统直接的时间延迟值,那么就能够比较好地反映系统当前的真实状况.

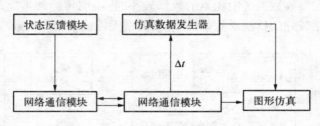

图 3 - 6   带预先显示的机器人监控系统

3.3.3   为保证远程监控可靠性而采取的措施

在我们的具体实现当中,也采用了类似的方法,为了克服这样的问题,在具体完成通信的时候,我们采取了如下措施来避免这样的问题出现. 一是关节的状态数据采用了绝对坐标的方式,这样对于仿真而言,即使某一帧的数据由于某种原因没有收到,那么顶多是影响到本帧的数据显示,屏幕会发生闪烁现象,错误数据不会累加起来,仿真显示又会一切如常了. 在进行机器人远程控制的时候,也采取了相应的措施. 一是远程机器人控制基本上都采用了基于指令级别的控制,也就是说远程控制是传输一条条指令来完成的,在机器人控制器内部解释执行. 由于只传输一条或者多条机器人指令,对传输的实时性要求不是太大,从而可以采用传输更为可靠的 TCP 协议. 在直接操纵(远程示教)状态,采用了绝对坐标方式,这样万一发生丢帧,也只是影响某一帧的数据.为了消除一帧错误数据所造成的影响,我们采用了前后数据帧进行比较的办法,如果每个关键的变化数据变化过大,则认为是错误信号,予以剔除.再加上时间戳标志等措施,可以有效地保证所接收到数据的完整性以及控制的可靠性.为了解决大时间延迟状态下仿真模型与实际机器人运动一致性的问题.采取了如下措施,一是尽量减少数据的传输量,在每一帧只传输一些关键数据,而设置所谓关键帧,在这一帧上面只传输完整的数据,而对于其他不完整的数据则可以考虑在相应的数据环境当中动态的传输.

　　如前所述,由于远程控制的特点,使得时延现象无法避免,而通信的可靠性也有待提高.特别是基于公共网络的远程控制机器人更是如此.如果直接对远程的机器人进行控制,将是一件十分危险的事情,从技术上来说无法办到,现在一般的方式都是采用局部自治与远程控制相结合的办法来完成.也就是说,由机器人的局部自治来控制其底层的实时性要求比较高的功能.而远程控制则主要用于监视机器人的运动状态,并在必要的时候对机器人的行为进行干预,另外,远程控制端主要用于在指令级别和任务级别来对机器人的运动进行规划,而具体执行工作则通过通信的办法下达到位于工作现场的机器人控制器来具体完成.

3.4　小结

　　本章首先对机器人远程控制技术进行了讨论,对时延问题,网络的带宽问题以及网络通信的可靠性对机器人控制的影响进行了讨论,提出了一种利用实时检测的方式来获取当前时延通过与预测仿真显示配合来对时间延迟进行补偿的算法,在一定程度上克服了网络的时延对远程监控的影响,此外本章还从网络通信方面如何保证远程控制可靠性进行了讨论.本章还介绍了基于网络视频监控的实现问题,分析了实时监控和视频广播对视频传输的不同要求,介绍了

在 Windows 环境下采用 Directshow 技术实现视频网络传输的关键
技术,详细介绍了视频数据的打包与拆包算法以及视频缓冲队列的
运作方式.并给出了一个用于视频传输的自适应流量控制算法.最后
介绍了系统的具体实现.

第四章　机器人建模与三维交互

4.1　机器人图形仿真技术

电影和动画是利用人眼的视觉暂留现象,通过连续快速地播放一系列渐变的静止图象来欺骗人眼产生运动的感觉.一般认为,要想获得较好的动画效果,显示速度应高于 15 帧/s,电影为 24 帧/s,而 PAL 制电视为 25 帧/s,NTSC 制电视则为 30 帧/s.机器人运动仿真也采用了类似技术.但机器人的运动有其自身特点,一般情况下,场景不会发生变化,而机器人各部件本身结构也不会发生变化,仅仅是各部件之间发生旋转和平移运动.这样,只要知道了机器人各个部件的当前状态(连杆间的转角与位移)就能够唯一确定机器人的位姿[55,56].

4.1.1　OpenGL 的基本显示流程

如图 4 - 1 所示为 OpenGL 显示过程的基本流程图.其中几何顶点数据包括模型的顶点集、线集、多边形集这些数据经过流程图的上部,包括运算器,逐个顶点操作;通信数据包括像素集、影像集、位图集等,图象像素数据的处理方式与几何顶点数据的处理方式是不同的,但它们都经过光栅化、逐个片元处理直至把最好的光栅数据写入帧缓存[57,58].在 OpenGL 中,所有几何顶点与面数据及像素数据都可以被存储在显示列表中或者以立即方式得到处理.OpenGL 中显示列表技术是一项关键技术.

OpenGL 要求把所有的几何图形单元都用顶点来描述,这样运

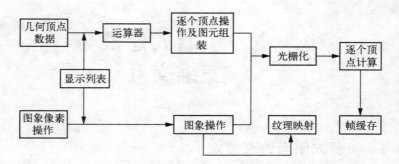

图 4 - 1　PpenGL 显示过程的基本流程图

算器和逐个顶点计算操作都可以针对每一个顶点来进行计算和操作,然后进行光栅化形成图形片元,对于像素数据,像素操作结构被存储在纹理组装用的内存中,在像几何顶点操作一样光栅化成图形片元.

　　整个流程操作的最后,图形片元都要进行一系列的逐个顶点操作,这样最后对于像素值送入帧缓存中实现图形的显示.

　　在 Windows 平台下,GDI 是原始窗口的图形接口,GDI 能够绘制到屏幕,内存,打印机等,这是通过设备上下文(Device Content,DC)来实现的. 关于 GDI 的调用均传送给 DC,由 DC 来实现具体操作. 就像 GDI 需要建立 DC 来绘制图形那样,OpenGL 需要绘图上下文(Rendering Content,RC)来绘制图形. 在 RC 能够完成绘图之前,必须首先进行初始化. 这是通过设置像素格式(pixel format)来实现的,通常在 View 类的 OnCreate 函数中完成. 与每次 GDI 调用均需要为其指定 DC 不同,OpenGL 引入了当前 RC 的概念,所有的操作都是针对当前 RC 的. 尽管一个线程可有多个 RC,但是在任意时刻仅可有一个当前 RC. OpenGL 的绘图工作,并不是由 RC 直接完成的,而是由 RC 将信息经过一定的变换后传递给它所关联的 DC 完成具体的绘图工作. 因 OpenGL 仅能够在客户窗口中绘图而无法在该窗口的子窗口和兄弟窗口中绘图,因而必须在客户区域中加以去除. 这通常在

View 类的 PreCreateWindow 函数中通过加入下面语句实现:

 cs. type|=WS_CLIPSIBLINGS| WS_CLIPCHIDREN

 GDI 并不直接处理三维坐标,而是由 OpenGL 来完成具体的三维坐标到二维屏幕坐标的映射,然后再交由 GDI 进行显示. 建立绘图窗口时必须根据窗口大小来完成映射;而当窗口大小变化后,必须根据窗口大小,来重新调整投影映射,以便使所显示图形按比例缩放. 此项工作在 View 类的 OnSize 函数中实现.

 为加快显示速度,OpenGL 普遍采用了显示列表技术,其作用范围通常仅限于当前 RC 中. 在单窗口环境中,仅有一个窗口并且在该视窗中一般也仅有一个 RC,显示列表的使用不成问题;而在多窗口条件下,存在多个 RC. 由于显示列表的作用范围所限,如要在不同的窗口中使用同一个显示列表,有两种方法,要么在每个 RC 中分别定义相同的显示列表,然后分别调用;要么必须设法使某个 RC 能够共享其他 RC 的显示列表. 前者显然会造成系统资源的巨大浪费,尤其在所开窗口较多和列表较多时更是如此. 故一般应采用后一种方法. 这就需要在第一次使用该列表的 RC 中建立该显示列表,在以后的 RC 中对该列表进行共享. 这可以通过以下语句实现:

 m_hRC=wglCreateContext(pdc->m_hDC); / * 创建 RC * /

 if (m_primeHrc==0) / * 判断是否为第一次调用该类 * /

 {

 m_primeHrc=m_hRC; / * 设当前 RC 为主 RC * /

 }

 else

 {

 wglShareLists(m_primeHrc,m_hRC);

  / * 使当前 RC 共享主 RC 的显示列表 * /

 }

 当要显示图形发生变化时,操作一般仅针对当前窗口,其他窗口并不会自动更新,这样会造成不同窗口中运动状态不同步的现象. 为解决上述问题,必须在当前窗口发生变化时及时通知其他窗口对各自窗口进行重画.这可以通过调用 UpdateAllViews 函数来向其他窗口发出更新消息的方法来实现.

4.1.2 投影变换和三维模型的显示

三维模型被显示到二维的屏幕上,是通过投影变换来完成的.投影变换定义视图如何投影到屏幕上,在视图体外的对象和对象的相应部分将会被剪裁掉.常见的投影变换有两种:正交变换和透视变换.正交变换(Othographic projection),视图体是一个矩形六面体,视图体的大小从一端到另一端不发生变换,离照相机的距离并不会影响到所观察场景的大小.这种投影方式通常用于建筑蓝图,机械图纸当中.透视投影(Perspective projection)其最明显的特征是按照透视法缩小,也就是按照所谓近大远小的规则来显示物体.离照相机越近的物体成像越大,而离照相机远的物体成像则较小.这是由于透视投影的视图体采用了形状类似金字塔的平截头体,如图 4-2 所示.透视投影的视线(投影线)是从视点(观察点)出发,视线是不平行的.不平行于投影平面的视线汇聚的一点称为灭点,在坐标轴上的灭点叫做主灭点.主灭点数和投影平面切割坐标轴的数量相对应.图 4-3 为透视投影在一维方向上的简化图.从上图 P 点在观察平面上的投影我们可以得到描述 P' 点的参数方程:

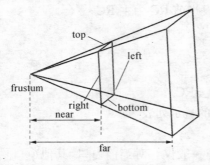

图 4-2 透视投影视图体示意图

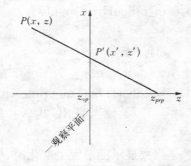

图 4-3 透视投影在一维方向的简化图

$$
\begin{cases}
x' = x - xu \\
y' = y - yu \\
z' = z - (z - z_{prp})u
\end{cases}
\qquad u = \frac{z_{vp} - z}{z_{prp} - z}
\qquad (4-1)
$$

其中 P 点之坐标为 (x, y, z)，P' 为 P 点在观察平面上的投影，而 z_{prp} 为主灭点，z_{vp} 为投影屏幕的 z 坐标偏移量.

若令其中 $d_p = z_{rp} - z_{vw}$ 并将上式进行整理可以得到式（4-2），用齐次式表示可以得到式（4-3）.上式说明了一个空间点通过投影变换被影射到观察平面上.

对于三维模型，可以看作是由一系列三维空间点集组成，这些点被一一映射到观察屏幕上显示出来.

$$
\begin{cases}
x' = x\left(\dfrac{z_{prp} - z_{vp}}{z_{prp} - z}\right) = x\left(\dfrac{d_p}{z_{prp} - z}\right) \\[3mm]
y' = y\left(\dfrac{z_{prp} - z_{vp}}{z_{prp} - z}\right) = y\left(\dfrac{d_p}{z_{prp} - z}\right)
\end{cases}
\qquad (4-2)
$$

$$
\begin{bmatrix} x_h \\ y_h \\ z_h \\ h \end{bmatrix}
=
\begin{bmatrix}
1 & 0 & 0 & 0 \\
0 & 1 & 0 & 0 \\
0 & 0 & \dfrac{-z_{vp}}{d_p} & \dfrac{z_{vp} \cdot z_{prp}}{d_p} \\
0 & 0 & \dfrac{-1}{d_p} & \dfrac{z_{prp}}{d_p}
\end{bmatrix}
\begin{bmatrix} x \\ y \\ z \\ 1 \end{bmatrix}
\qquad (4-3)
$$

其中 $h = \dfrac{z_{prp} - z}{d_p}$.

4.2 机器人建模

机器人机构可以视为一种杆件机构[59,60].一般机器人都是由多个连杆组成，由关节将各个连杆连接起来.关节分为转动关节、平移关节两种.相邻的连杆在关节处可以发生平移和旋转运动.连杆的运动一般是采用链式连接，也就是当高一级关节发生运动时会带动其下的所有连杆同时发生运动. 杆件和关节的构成方法大致可分为两种. 一种是杆件和关节是串联连接的称为串联杆件机器人或开式链机器人；而并联连接的则称为并联杆件机器人或闭式链机器人. 实际上大部分机器人都是串联杆件式机器人.

机器人的运动是由关节的运动所引起的, 而关节的位置是由连杆的长度和排列方式所决定, 与连杆的具体形状并没有太大的关系. 因而, 我们在研究机器人的运动机理或称为机器人运动学分析时, 可以对机器人进行某种抽象, 将连杆抽象为一条直线, 而将关节抽象为一点, 对分析结果不会产生影响. 但是为了真实地仿真机器人的动作, 在进行三维显示时又必须使每个杆件尽可能与实物完全一致, 这样才能达到仿真的目的, 这一过程称为几何建模. 对机器人的建模实际上可分为运动学建模和几何建模两部分. 但是几何建模与运动学建模实际上是密不可分的, 必须根据具体情况通盘考虑. 例如为了使机器人动起来, 必须对机器人的每个连杆单独建模, 生成几何模型. 但同时还必须使每个几何模型保持其空间位置信息（或称之为装配）, 这样才能使各个连杆有机地组合在一起.

机器人的运动学分析（kinematic analysis）是对杆件、传感器等机器人的各个部件和作业环境内的对象等设置坐标系并分析这些坐标系之间的位置（position）和姿态（orientation）的关系. 杆件坐标系的选择有多种方法, 但最常用的方法是 Denavit-Hartenberg 方法（简称 D－H 法）[59, 60].

我们在具体运用中, 没有直接采用 D－H 法来进行建模, 而是采用了中心点移动的方法来描述机器人的运动[61]. 中心点移动法主要考虑机器人各个关节的中心点的移动, 而坐标轴方向始终保持不变. 这样做不仅简单直观, 而且也与 OpenGL 的指令格式很好地对应. 因为在 OpenGL 中, 旋转指令给定了四个参数, 一个是旋转角度, 另三个参数是旋转方向矢量. 旋转轴经过原点, 方向则由旋转矢量决定. 也就是说旋转轴一定是经过原点的, 如果旋转轴不经过原点, 那么必须先将旋转轴上的某一点平移到原点上, 待旋转完毕后再移回原处.

由于实际几何模型往往具有对称性,中心点往往也是几何形体的对称中心点,使运动学模型与几何模型能够很好地统一起来. 假设在绘图底座时的几何变换矩阵为 T_0,绘制杆件 1 时的几何变换矩阵为 T_1,绘制杆件 2 时的几何变换矩阵为 T_2,绘制杆件 3 时的几何变换矩阵为 T_3,绘制杆件 4 时的几何变换矩阵为 T_4;Base 关节的旋转矩阵为 Rot_{10},Shoulder 关节的旋转矩阵为 Rot_{21},Elbow 关节的旋转矩阵为 Rot_{32},Elbow1 关节的旋转矩阵为 Rot_{43};关节 Base 中心点距离原点的偏移量为 $Trans_{10}$,关节 Shoulder 中心点距离关节 Base 中心点的偏移量为 $Trans_{21}$,关节 Elbow 中心点距离 Shoulder 中心点的偏移量为 $Trans_{32}$,关节 Elbow1 中心点距离关节 Elbow 中心点的距离为 $Trans_{43}$. 在绘制各几何形体时的几何变换矩阵可由如下关系式来表示:

$$T_0 = T_0$$
$$T_1 = T_0 * Trans_{10} * Rot_{10}$$
$$T_2 = T_1 * Trans_{21} * Rot_{21}$$
$$= T_0 * Trans_{10} * Rot_{10} * Trans_{21} * Rot_{21}$$
$$T_3 = T_2 * Trans_{32} * Rot_{32}$$
$$= T_0 * Trans_{10} * Rot_{10} * Trans_{21} * Rot_{21} * Trans_{32} * Rot_{32}$$
$$T_4 = T_3 * Trans_{43} * Rot_{32}$$
$$= T_0 * Trans_{10} * Rot_{10} * Trans_{21} * Rot_{21} * Trans_{32} * Rot_{32} * Trans_{43} * Rot_{43}$$

$$(4-4)$$

几何建模是指用来描述对象内部固有的几何性质的抽象模型. 所表示的内容包括对象的三维造型(多边形、三角形和顶点)与外观(纹理、表面反射系数、颜色等). 有一些仿真系统提供了自己的建模工具用于几何建模,而另一些则没有. 我们没有开发专门的几何建模工具,这主要是考虑到商品化的三维建模工具功能已十分强大,足以应付几何建模的要求. 直接利用现成的软件也有利于降低系统开发的复杂度.

任何复杂的模型, 都可以看做是由很多小的多边形构成的. 如果能将一个复杂的几何形体分解为一个个小的多边形, 就能够利用上述方法将其绘制出来[63, 64]. 这个过程可以是手工来完成, 也可以借助与一些商业化的 CAD 软件.

商品化的 CAD 提供了很强的绘图功能. 通过交互式的操作, 能够方便地绘制复杂的几何模型. 在 CAD 软件中, 绘制好的几何形体通常是以文件形式来保存的. 在这些 CAD 文件格式当中, 通常有两类[62, 63], 一类是 CAD 软件自己使用的, 能够很好地保留很多特征信息, 但是一般情况下, 它们的数据结构比较复杂, 而且出于知识产权包含的需要, 一般都是不公开的, 即使是一些常用的 CAD 格式, 例如 DXF 和 IGES 等, 虽然文档比较全, 而且有很多公司声称能够很好地支持, 可以读入或者是输出, 但是实际情况是只能做到形似, 有好多细节会发生改变. 另外, 这些文件的结构一般也十分复杂, 即使是有这方面的资料, 要想对里面的数据进行处理也并非易事. 还有一类 CAD 文件的格式, 是采用所谓多边形的方式来表示的, 例如 STL, 3DS 和 VRML 格式文件. 它们通常是采用两类数组来表示, 一个是节点数组, 记录了每个节点的坐标坐标, 还有一个数组是面索引数组, 记录了哪几个节点组成一个面. 这些文件通常是 ASCII 码表示的, 可读性较好, 结构也比较简单, 同时很多 CAD 软件都具备读入和输出这样格式文件的能力. 当然, 模型用这种格式表示以后, 将会丢失掉在 CAD 软件内部的索引信息和很多属性信息, 对模型进行修改将会是件很麻烦的事情. 另外, 模型不是矢量化的, 可能不如用专用 CAD 文件格式表示的简捷, 也无法进行无级缩放. 但是用其作为一种输出格式则是可行的, 因为其格式与 OpenGL 对几何模型的表示方式很接近. 只要设法把该文件当中的节点和面的信息提取出来, 并传送给 OpenGL 就可以了. 对于更高层的图形开放库, 例如 OpenInventor 和 WTK 等本身已经做好了读入模型文件的接口, 能够直接读入几种常见的几何模型文件.

在具体建模中,只是简单地说明一个对象的"静态"模型是不够的,为了使每一个活动部件都能够独立地运动,需要将每一个部件分别建模,但同时又要将它们放置在指定的位置. 我们采用了 UGII 和 Solidworks 的装配功能. 首先分别绘制每一个部件,然后根据一定的约束关系,将这些部件在空间组合在一起,并通过屏蔽其他部件,只显示一个部件的办法来得到该部件的空间几何数据. 要实现准确建模的根据问题就是要确定整个机器人模型的原点与姿态,否则就无法保证机器人运动关系的正确. 在装配中,通常是以一个部件作为基准而其他部件依据约束关系组装在一起. 只要作为基准的部件位置和姿态确定了,其他的物体的位置也随之确定. 在具体的实现中,我们采用了专业化的 CAD 软件 Solidworks 和 UGII 来建立机器人的几何模型. 首先用二维草图功能及其三维拉伸、打孔和生成回旋体等功能来对每个部件分别建模. 然后利用机器人的装配功能对机器人的每个部件分别建模,然后通过装配功能把它们组合到一起. 装配功能的关键是要将某一个部件作为基准部件放在合适的位置,作为固定不变的部件,而另外的部件则作为浮动的物体在装配图中出现,通过与基准物体或者坐标系已经部件与部件之间的几何约束关系来使每一个物体以一定的位姿到达指定位置. 从而组成一个完整的机器人模型.

4.3 运动仿真中的碰撞检测

4.3.1 碰撞检测问题概述

碰撞检测的目的是在虚拟物体发生碰撞时,能够及时地发现. 该问题涉及计算机辅助设计和加工(CAD/CAM)、机器人、自动化、制造、计算机图形. 动画和机器人仿真环境. 碰撞检测使得基于仿真的设计、容差验证、动画形象的表达、漫游等成为可能. 所有这些任务都与静态或动态对象的接触分析和空间推理相关. 在许多这些应用领域,碰撞检测被认为是一个重要的计算瓶颈. 碰撞检测当中,首先需要考虑的是几何模型的类型,因为任何算法都是和特定的几何模型相对应的. 几何模型从大类上能分为面模型和体模型两类,面模型用物体的边界来表示物体. 体模型采用体元来表示物体,可以描述物体的内部信息. 但是体模型表达所需要的存储量大,计算量也比较大. 面模型又可进一步分成好几种,如多面体模型,CSG 模型,隐式曲面模型,参数化曲面等,其中,最常用的是多面体模型,尤其是三角形模型. 碰撞检测算法往往对几何模型的形式有特殊的要求,例如有些算法要求输入模型是凸多面体,这样对于非凸多面体的模型就要进行特殊的处理,也有一些算法对输入模型的要求较低,输入模型可以是一组无拓扑约束条件的三角形面片,这类算法通用性就比较好.

从碰撞检测的类别上,如果按照精度来分,可以分为精确检测和粗略检测. 如果从检验结果上面来考虑,可以分成四类:在最简单的情况下,希望知道两个模型是否相碰. 二是有时必须找到是模型中的哪些部件相碰,在什么位置相碰. 实际上也就是需要找到它们的交集. 三是需要知道两物体间的距离. 如果两个物体是脱离的,希望知道它们间的最小空间距离是多少;如果它们是穿越的,要分离它们,最小的平移距离是多少;如果我们知道了物体的方位和运动,它们下一步什么时候碰撞? 不同的应用需要不同的查询. 从场景的类型上来分,可以分为静态和动态. 静态场景间的碰撞检测可以离线进行,而动态部分就必须根据物体当前的位置来动态计算了. 当然如果预先知道模型的运动轨迹,也可以根据轨迹来做动态计算. 碰撞检测根据碰撞对的数量还可以分为多体和双体. 双体间的碰撞检测只涉及到两个物体,而多体则会牵涉到多个物体之间的相互关系. 考虑起来更加复杂,计算量也会大很多. 如果按照碰撞检测当中物体是否可变形来划分还可以将碰撞检测的实体化分成刚体和可变形体两种. 刚体运动只改变物体的位置和姿态,而可变形体还会引起形状发生改变[65,66].

要想提高碰撞检测的效率,主要就从两个方面入手:一种是划分更小的碰撞检测域,这样碰撞检测只会发生在相邻的或者是同一个单元格当中,这样只需对少数的一些单元格进行判断就可以了了. 比较典型的例子是 k - d 树、八叉树、BSP 树、四面体树等等. 如果采用层次划分的方法,还可以进一步提高系统的效率. 例如八叉树和 BSP 树等. 还有一种方法是用简单的几何形体来代替复杂的几何形体这就是所谓的分层包围盒法. 其基本思想是利用体积比原物体略大而几何特征相对简单的几何形体(称为包围盒)来作为复杂几何形体的一种近似. 对该包围盒与另一个物体(或者是其包围盒)进行碰撞检测,如果没有发生碰撞,则两物体之间肯定不会发生碰撞,如果发生了干涉现象,则两个物体可能发生碰撞也可能没有发生,必须用更进一步细化的模型来进行判断. 通过构建树状层次结构的一系列包围盒,就能够越来越逼近对象的几何模型,直到几乎完全逼近对象的几何特征. 比较典型的包围盒有 AABB(Axis Aligned Bounding Boxes)、包围球(Sphere)、有向包围盒 OBB(Oriented Bounding Box)、固定方向凸包 FDH(Fixed Direction Convex Hull)等. 现将这几种常见的包围盒简单介绍如下:

1. AABB 包围盒[67]

AABB(Axis-Aligned Bounding Box)沿坐标的边界盒,被定义为:

$$R = \{(x, y, z) \mid x_{min} \leqslant x \leqslant x_{max},$$
$$y_{min} \leqslant y \leqslant y_{max}, z_{min} \leqslant z \leqslant z_{max}\} \qquad (4-5)$$

其中 x_{min}, x_{max}, y_{min}, y_{max}, z_{min}, z_{max} 分别为几何形体载 x, y, z 三个方向上的最大值和最小值. AABB 的计算非常简单,只需要计算各个元素顶点的 x, y, z 坐标的最大值和最小值就可以了. 其相交计算也比较简单,判断两个 AABB 包围盒是否相交,只需要判断它们在三个坐标轴上是否均重叠就可以了. 其优点是比较容易实现,但是缺点是相对而言其紧密性相对较差,尤其是在几何形状的形体不是某个正放,而是斜放的时候,这样形成的包围盒子会形成很大的空间. 对于极端情况,假设该物体为沿着斜对角线放置的狭长物体,将会导致空间的巨大浪费. 当对象发生旋转以后,将重新计算 AABB 的 6 个最大值和最小值. 并进而重新计算 AABB 的 8 个顶点值得到新的AABB 值.

AABB 也是比较简单的一类包围盒. 但对于沿斜对角方向放置的瘦长形对象,其紧密性较差. 由于 AABB 相交测试的简单性及较好的紧密性,因此得到了广泛的应用,还可以用于软体对象的碰撞检测.

2. 包围球

类似于 AABB,也是结构简单而紧密性比较差的一类包围盒. 包围盒被定义为包含该对象的最小的球体.

$$R = \{(x, y, z) \mid (x - c_x)^2 + (y - c_y)^2 +$$
$$(z - c_z)^2 \leqslant r^2\} \tag{4-6}$$

其中 c_x, c_y, c_z 分别为包围球的圆心而 r 为包围球的半径. 在计算包围球的时候首先是要计算各个元素的顶点 x, y, z 值的顶点,并根据这些顶点求均值,以求得包围球的圆心,再根据球心与三个最大值坐标所确定的点间距离计算半径. 包围球的干涉运算也比较简单,对于两个包围盒来说,只要它们的球心距离小于半径之和,则两包围盒子相交. 当对象发生旋转变换时,包围球不需要进行改动,这也是它优于其他包围盒的方式的一个方面. 它的紧密性自在所有包围盒当中是部件差的,除非所是针对在三个坐标轴当中比较均匀的几何体外. 对其他类型的几何模型都会产生较大的缝隙. 当对象发生旋转运动时,包围球不需做任何更新,当几何对象进行频繁的旋转运动时,使用包围球可能会得到很好的结果;当对象变形时,需要重新计算其包围球. 相对于 AABB 而言,在大多数情况下包围盒无论是在紧密性和简单行而言都有所不如. 因此在应用上不是太多.

3. OBB 包围盒[68]

方向包围盒(Oriented Bounding Box 简称 OBB)是 Gottschalk

在 1996 年实现的 RAPID 系统中首先使用,当时该系统是最快的碰撞检测系统,曾一度作为评价碰撞检测算法的标准. 一个给定对象的 OBB 被定义为包含该对象切向对于坐标轴方向任意的最小的正六面体. OBB 的最大特点就是其方向的任意性,这使得它可以根据被包围对象的形状特点来尽可能紧密地包围对象,但同时这样一来,在计算包围盒和对两个包围盒进行相交测试会变得较为复杂了. 其关键是要寻找到最佳方向,并且确定在该方向上的最佳尺寸.

假设 OBB 几何模型中的几何模型是三角形,第 i 个三角形的顶点用 p_i, q_i, r_i 表示,则 SE 的均值和协方差 C 计算如下:

$$\mu = \frac{1}{3n} \sum_{i=1}^{n} p^i + q^i + k^i$$

$$C_k = \frac{1}{3}(\overline{p_j^i p_k^i} + \overline{q_j^i q_k^i} + \overline{r_j^i r_k^i}) \quad (j \geqslant 1,\ k \geqslant 3) \qquad (4-7)$$

其中, $\overline{p^i} = p^i - \mu$, $\overline{q^i} = q^i - \mu$, $\overline{r^i} = r^i - \mu$

协方差矩阵 **C** 的三个特征向量是正交的,归一化以后决定了 OBB 的方向,分别计算该几何形体在该基底的三个轴上的最大值和最小值,以确定该 OBB 的大小. OBB 间的相交测试基于分离轴的理论. 若两个 OBB 在一条轴上的投影不重合,则这两条轴不重合(不一定是坐标轴),则该轴被称为分离轴. 若一对 OBB 之间存在一条分离轴,可以判断这两个 OBB 不相交. OBB 的简单性要比上面两种包围盒差,但它的紧密性是比较好的,可以大大减少参与相交测试的包围盒的数目,因此总体性能要优于 AABB 和包围球. 当几何对象发生旋转运动后,只要对 OBB 进行同样的旋转即可. 因此,对于刚体间的碰撞检测,OBB 不失为一种较好的选择.

4. FDH 包围盒[69]

K-DOPS(Discrete Orientation Polytopes)是由纽约州立大学的 Jame S T. Klosowski 等人在 1996 年提出的一种算法,用于复杂环境

中运动对象间的碰撞检测. 一个对象的 K-DOPs 被定义为包含该对象且它的所有面的法向量都取自一个固定的方向(k 个向量)集合的凸包,其中的方向向量为共线且方向相反的向量对, Masaryk University 的 Karel Zikan 称其为 FDH(Fixed Direction Hull). FDH 的计算比较简单,一个几何对象的 FDH 可以由它在固定方向集合 D 中的各个方向向量上的最大延伸所确定,即通过计算对象的顶点与固定方向集中的各个方向的最大点积得到.

目前已经有一些公开提供的碰撞检测库,它们大部分适用于多边形模型,也有一些可以应用于由多个运动对象组成的大场景当中. 其中比较常见的是:

1. I-Collide[70-72]

它是一个交互式和精确的碰撞检测库,用于一个由许多凸多面体或者是多面体片断的集合组成的场景. 采用 Lin-Canny 算法[71, 72] 来精确判断两物体间的碰撞. 能够完成多个移动物体间的碰撞检测.

2. RAPID[73]

它是一个健壮和准确的多边形干涉检测库,用于非结构化的多边形模型. 它可用于所谓多边形汤(模型中不包含相邻信息以及拓扑约束). 采用了 OBB 包围盒及 OBBTree 算法,它比较适合于检测两个距离非常接近物体间的碰撞.

3. V-Collide[74, 75]

它是在 I-Collide 和 RAPID 基础上发展起来的,它整合了 I-Collide 中的多物体碰撞检测算法(AABB 搜索剪裁算法)和 RAPID 当中的碰撞对检测算法. 它可用于对大规模的动态静止移动场景进行操作,并运行动态的对场景进行增删. 主要用于进行碰撞检测.

4. 增强型 GJK

该软件包是在 GJK 算法[76, 77]的基础上发展而来的,它可以跟踪计算两个凸多面体建的距离. 它除了要求提供几何模型以外,还要求提供一个包含每个多面体所有边的列表.

5. V-Clip[78]

该软件包针对 Lin-Canny 算法进行了改进,可以用于处理一对凸多面体,或者是一对分层表示成小凸多面体的非凸多面体. 它除了可以计算两物体间的距离以外,还可以报告两个物体间的穿透位置,并计算出穿透距离.

6. SOLID[79]

它是一个用于检测多个物体间碰撞检测的库,它采用了 AABB 包围盒,输入物体可以使多面体也可以是不规则的多边形汤. 其性能和适用场合和 V-Collide

7. QuickCD

它是一个用于检测两个物体间碰撞情况的算法库,其中一个物体是静止的,而另外一个物体则可以是常景中飞行的物体,它采用了凸包作为包围盒,并利用了 k-dop 算法来进行碰撞检测,其输入模型时"多边形汤",比较适用于一个物体在大环境中的飞行. 如场景漫游系统等.

8. SWIFT 和 SWIFT++[80]

SWIFT 由北卡罗来纳大学所研制的碰撞检测库,而 SWIFT++ 则是在其基础上的增强版. SWIFT 吸取了 I-Collide,RAPID 和 V-Collide的所有优点,并在它们的基础上进行了改进. 基于凸包的碰撞检测库一般采用两种方法来完成接近查询,一种是基于 Voronoi 区域的 Lin-Canny(LC)算法(I-Collide)或其改进(V-Clip,SWIFT 等),还有一种是基于简化 Gilbert-Johnson-Keerthi(GJK)算法. 在 V-Clip 出现以前,GJK 曾经是最健壮的系统,而目前 V-Clip 和 SWIFT 则更加健壮. V-Clip 比 GJK 算法更快,而 V-Clip 比 GJK 略快,而 SWIFT 则比 V-Clip 更快. 由哈佛大学开发的 H-Walk 系统[81],采用内部 Dobkin-Kirkpatrick 分层以加速在求取最短距离当中的遍历,而 Swift 则采用了外部边界体以加速遍历过程. 对于基于多边形汤类型的碰撞检测包,它们操作于三角形的列表. 通常情况下会建立一个叶节点是三角形本身的边界体层次结构. 该层次结构由 AABB、OBB、

SSV 或者是 k-DOP 所组成. SWIFT＋＋是一个适用凸壳边界体,并将其用于干涉检测、容差验证、精确近似最小距离计算和脱离接触判断的程序库.

4.3.2 OpenGL 与碰撞检测算法库的接口

为了给基于 OpenGL 的仿真程序增加碰撞检测的支持,需要把碰撞检测功能集成到 OpenGL 仿真程序中.

本论文没有在碰撞检测算法上花费过多的精力,而是试图利用现有的碰撞检测算法库来实现碰撞检测功能,并很好地集成到机器人远程监控系统当中. 在一般情况下,碰撞检测功能是以独立的库或者模块的方式来应用. 一般都有自己一套独立的数据结构以表示几何模型、几何形体间相应的拓扑关系,每个几何形体对应的变换矩阵等,通过成员函数来完成相应的碰撞检测和距离查询功能. 通过某种数据结构来作为查询结构的反馈. 碰撞检测程序需要和 OpenGL 仿真程序共享几何形体和当前变换矩阵方面的信息. 如图所示为 OpenGL 的基本显示流程图,从图中我们可以看到,要想让 OpenGL 进行显示,首先需要将几何模型数据读入程序,并生成显示列表,以便在以后的图形仿真中调用. 在每次显示中,OpenGL 首先设置当前的投影矩阵然后再针对每个模型设置相应的当前模型矩阵并调用对应于某个模型的显示列表完成整个仿真图形的显示(当然对于立体显示,实际上要分别计算左右视图的投影矩阵并分别绘制左右两幅画面). 由其基本流程图可知,为了达到与仿真程序数据共享的目的,可以在程序读取几何模型数据生成几何模型列表的同时建立相应于该模型的碰撞对类的实例并用读取到的几何模型数据来初始化该实例. 要进行碰撞检测,还必须在碰撞检测查询进行以前对碰撞检测对赋以相应的变换矩阵. 一般碰撞检测库都采用 $[R][T]$ 的格式来表示. 其中 $[R]$ 是一个 3×3 的矩阵用以表示旋转,而 $[T]$ 是一个 3×1 的矩阵用以表示平移. 最终变换矩阵是两个矩阵相乘 $[R][T]$. 如果用齐次方式来表示则为：

$$[x_1 \quad y_1 \quad z_1 \quad 1] =$$

$$[x_1 \quad y_1 \quad z_1 \quad 1] = [\boldsymbol{R}][\boldsymbol{T}] = \begin{bmatrix} x \\ y \\ z \\ 1 \end{bmatrix} = \begin{bmatrix} R_{11} & R_{12} & R_{13} & T \\ R_{21} & R_{22} & R_{23} & T \\ R_{31} & R_{32} & R_{33} & T \\ 0 & 0 & 0 & 1 \end{bmatrix} \begin{bmatrix} x \\ y \\ z \\ 1 \end{bmatrix}$$

$$其中\ \boldsymbol{R} = \begin{bmatrix} R_{11} & R_{12} & R_{13} \\ R_{21} & R_{22} & R_{23} \\ R_{31} & R_{32} & R_{33} \end{bmatrix}, \ \boldsymbol{T} = \begin{bmatrix} T_1 \\ T_2 \\ T_3 \end{bmatrix} \qquad (4-8)$$

为了使碰撞检测程序的每个模型当前矩阵能够根据图形显示对应模型的当前矩阵来同步变换,通常采用两种方法.一种是由碰撞检查程序维护一套独立的当前矩阵序列.当图形显示程序针对某一个几何模型对当前矩阵进行变换时,也同时设法改变碰撞检测程序中相应几何形体的当前矩阵.尽管从本质上说在 OpenGL 中对几何形体的当前矩阵进行变换时,用一个变换矩阵去和当前矩阵相乘以得到新的矩阵,但是在实际上,在 OpenGL 中是采用相应的旋转和平移函数,glRotate 和 glTranslate 来描述当前矩阵,在碰撞检测程序中也可以通过相应的函数来实现碰撞检测相应几何形体当前矩阵的更新.还有一种方法是直接设法获得 OpenGL 图形仿真图形的当前矩阵.由于 OpenGL 的当前矩阵是采用单下标数组的方式,而齐次式方式表示当前矩阵则采用了双下标数组,因此如果要利用 OpenGL 图形仿真的当前矩阵数据,必须进行某种转换.在不同的 OpenGL 实现中,一般有两种不同的表示方式,一种是行优先方式,一种是列优先方式.其结构是不同的.列优先方式表示的 OpenGL 当前矩阵数组与齐次方程形式的当前矩阵表示方式如下式所示：

$$\begin{bmatrix} m_0 & m_4 & m_8 & m_{12} \\ m_1 & m_5 & m_9 & m_{13} \\ m_2 & m_6 & m_{10} & m_{14} \\ m_3 & m_7 & m_{11} & m_{15} \end{bmatrix} \qquad (4-9)$$

行优先方式表示的 OpenGL 当前矩阵数组与齐次方程形式的当前矩阵表示方式的对应关系如下式所示：

$$\begin{bmatrix} m_0 & m_4 & m_8 & m_{12} \\ m_1 & m_5 & m_9 & m_{13} \\ m_2 & m_6 & m_{10} & m_{14} \\ m_3 & m_7 & m_{11} & m_{15} \end{bmatrix} \qquad (4-10)$$

经测试，在 Windows 平台的 OpenGL 实现中采用了列优先的方式. 为了能够读取 OpenGL 的数据，可以采用如下代码：

float matrix[16];

glGetfloatv(GL_MODELVIEW_MATRIX);

其中 matrix 为一个 16 单元的数组，用于存储当前矩阵，而 glGetfloatv 是 OpenGL 的一个函数，用于获得 OpenGL 的内部状态变量，而 GL_MODELVIEW_MATRIX 是一个关键字，用以说明所要获得的状态数据是模型视图矩阵.

为了能够进行跨平台的移植，需要自动处理以上两种不同的情况，可采用如下的算法来进行判断：

首先用 glLoadIdentity 将当前矩阵置为某一特征矩阵，例如以列优先方式来赋对每一个元素赋予特定的数值，这时的矩阵如下：

$$\begin{bmatrix} 0 & 4 & 8 & 12 \\ 1 & 5 & 9 & 13 \\ 2 & 6 & 10 & 14 \\ 3 & 7 & 11 & 15 \end{bmatrix} \qquad (4-11)$$

然后只要采用如上所示的方法将其读入，由于只有两种可能性非此即彼,完全可以采取一种比较简单的方法,例如只要判断 matrix[1] 的数值即可,如果是 1 则表明是列优先,如果是 4 则表示是行优先,如果不为以上两个数值则说明数值有错,程序自动退出. 根据判断的结果,可以知道在系统的 OpenGL 实现中究竟采用的是行优先方式还是列优先方式,并针对具体情况来决定对当前矩阵的处理方式.

在进行碰撞检测时,不一定非要使得碰撞检测中某个模型的当前矩阵和用于图形显示的当前矩阵完全相同,这实际上是基于这样一个假设,那就是当参与碰撞检测的两个物体同时发生几何变换时它们的碰撞关系(碰撞状态,碰撞形体和最短距离等信息不会发生改变). 这之所以非常重要,原因在于,在很多情况下,为了能够保证良好的显示效果,有的时候需要对待显示模型进行某种预先处理,本质上说也就是对所有模型进行整体的变换. 这将不会对碰撞检测的结果产生不利的影响.

还有一个需要注意的,那就是为了显示上的需要,一般可能会对模型显示的大小进行调整,通常都是采用比例变换. 但是一般的碰撞检测程序算法都有这样的约定,那就是要求变换矩阵只有平移和旋转变换而不能有尺寸变换. 如果在 OpenGL 显示中限制使用比例变换必然会是仿真显示的功能大受限制. 为了能够解决上述问题,必须首先对比例变换的本质进行分析,然后才能找出如何抵消比例变换影响的方法.

在 OpenGL 中,比例变换是通过 glScale 来实现的. Scale(S_x, S_y, S_z)的作用分别是使几何模型在 x, y 方向上增加 S_x, S_y, S_z 倍.

$$S(S_x, S_y, S_z) = \begin{bmatrix} S_x & 0 & 0 & 0 \\ 0 & S_y & 0 & 0 \\ 0 & 0 & S_z & 0 \\ 0 & 0 & 0 & 1 \end{bmatrix} \tag{4-12}$$

假设变换矩阵为：
$$\begin{bmatrix} m_{11} & m_{12} & m_{13} & m_{14} \\ m_{21} & m_{22} & m_{23} & m_{24} \\ m_{31} & m_{32} & m_{33} & m_{34} \\ m_{41} & m_{42} & m_{43} & m_{44} \end{bmatrix} \qquad (4-13)$$

则总的变换矩阵为：

$$\begin{bmatrix} S_x & 0 & 0 & 0 \\ 0 & S_y & 0 & 0 \\ 0 & 0 & S_z & 0 \\ 0 & 0 & 0 & 1 \end{bmatrix}\begin{bmatrix} m_{11} & m_{12} & m_{13} & m_{14} \\ m_{21} & m_{22} & m_{23} & m_{24} \\ m_{31} & m_{32} & m_{33} & m_{34} \\ m_{41} & m_{42} & m_{43} & m_{44} \end{bmatrix}$$

$$= \begin{bmatrix} S_x m_{11} & S_x m_{12} & S_x m_{13} & S_x m_{14} \\ S_y m_{21} & S_y m_{22} & S_y m_{23} & S_y m_{24} \\ S_z m_{31} & S_z m_{32} & S_z m_{33} & S_z m_{34} \\ m_{41} & m_{42} & m_{43} & m_{44} \end{bmatrix} \qquad (4-14)$$

由结果可知比例变换的实质就是把原矩阵之 $1,2,3$ 行各个元素分别乘以 S_x，S_y，S_z 的系数. 若要抵消该矩阵的作用，只要再乘以其反矩阵即可.

$$\begin{bmatrix} S_x & 0 & 0 & 0 \\ 0 & S_y & 0 & 0 \\ 0 & & S_z & 0 \\ 0 & 0 & 0 & 1 \end{bmatrix} = \begin{bmatrix} \dfrac{1}{S_x} & 0 & 0 & 0 \\ 0 & \dfrac{1}{S_y} & 0 & 0 \\ 0 & 0 & \dfrac{1}{S_z} & 0 \\ 0 & 0 & 0 & 1 \end{bmatrix} (S_x \neq 0,\, S_y \neq 0,\, S_z \neq 0)$$

$$(4-15)$$

为了抵消比例变换的影响，只要在获取比例系数时乘以一个反变换矩阵就可以了. 对于 OpenGL 图形仿真显示的具体情况，一般采用的都是在 x，y，z 三个方向按照相同的比例进行变换，实际上是上

述情况的特例. 则相应的变换矩阵可表示为:

$$S(S_x, S_y, S_z) = \begin{bmatrix} S & 0 & 0 & 0 \\ 0 & S & 0 & 0 \\ 0 & 0 & S & 0 \\ 0 & 0 & 0 & 1 \end{bmatrix} \text{(其中 S 为比例变换系数)}$$

$$(4-16)$$

而
$$S^{-1} = \begin{bmatrix} \dfrac{1}{S} & 0 & 0 & 0 \\ 0 & \dfrac{1}{S} & 0 & 0 \\ 0 & 0 & \dfrac{1}{S} & 0 \\ 0 & 0 & 0 & 1 \end{bmatrix}$$

$$(4-17)$$

这样只要在图形显示程序开始时采用一个全局变量用以存储比例变换的信息并在为碰撞检测的目的获取模型的变换矩阵中抵消掉比例变换的影响就可以了. 例如系统经过比例变换的总变换矩阵为:

$$\begin{bmatrix} S_x m_{11} & S_x m_{12} & S_x m_{13} & S_x m_{14} \\ S_y m_{21} & S_y m_{22} & S_y m_{23} & S_y m_{24} \\ S_z m_{31} & S_z m_{32} & S_z m_{33} & S_z m_{34} \\ m_{41} & m_{42} & m_{43} & m_{44} \end{bmatrix}$$

$$(4-18)$$

用 S^{-1} 与该矩阵相乘可得:

$$\begin{bmatrix} \dfrac{1}{S} & 0 & 0 & 0 \\ 0 & \dfrac{1}{S} & 0 & 0 \\ 0 & 0 & \dfrac{1}{S} & 0 \\ 0 & 0 & 0 & 1 \end{bmatrix} \begin{bmatrix} S_x m_{11} & S_x m_{12} & S_x m_{13} & S_x m_{14} \\ S_y m_{21} & S_y m_{22} & S_y m_{23} & S_y m_{24} \\ S_z m_{31} & S_z m_{32} & S_z m_{33} & S_z m_{34} \\ m_{41} & m_{42} & m_{43} & m_{44} \end{bmatrix}$$

$$= \begin{bmatrix} m_{11} & m_{12} & m_{13} & m_{14} \\ m_{21} & m_{22} & m_{23} & m_{24} \\ m_{31} & m_{32} & m_{33} & m_{34} \\ m_{41} & m_{42} & m_{43} & m_{44} \end{bmatrix} \qquad (4-19)$$

说明通过该方法确实能达到抵消的目的. 根据上面的讨论,可以看出,尽管为了显示上的方便进行了比例变换,仍然可以设法通过对矩阵中的某些元素执行某种反变换,从而抵消其所带来的影响,从而保证结果的正确.

4.3.3 碰撞检测技术在机器人仿真中的具体应用

在机器人仿真中进行碰撞检测实际上包括两个方面. 其一是直接对机器人于工件或者机器人与周围场景有可能的碰撞进行检测. 还有一个用途是对机器人与场景之间的距离进行监控. 当其距离足够小的时候,反馈距离信息,提请用户注意. 还有一个用途是当工作在交互操作方式下,当用户通过带有力反馈的操纵杆进行操纵时,在距离小于一定数值时,按照一定的函数关系来产生力反馈的效果.

在机器人仿真中,其碰撞检测具有如下特点:

1. 机器人是由多个连杆构成,但这些连杆间一般不需要进行碰撞检测.

2. 每个连杆既有联合运动也有相对运动,碰撞检测是一种多体的碰撞检测.

3. 碰撞检测的对象是机器人的连杆和周围场景或者与工件.

4. 由于机器人运动的特性,并不是每一个形体都有可能发生碰撞,而是可能只发生在某些碰撞对之间. 通过针对不同的情况碰撞检测的对象进行某种简化,能够极大地提供碰撞检测的效率.

如前所述,采用何种碰撞检测算法很大程度上是与查询的要求和几何模型的种类相关. 由于在我们的机器人仿真系统中,采用的是三角形模型,实际上是多边形模型的特例,因此碰撞检测库必须是针对多边形模型的.另外,我们的碰撞检测,需要进行两类查询,一是需要在没有发生碰撞的时候,对各个部件之间的间距进行监视,也就是说要能够在距离比较远的时候,监视粗略距离,当粗略距离小于某个范围的时候,则必须进行精确距离的判断,并在达到某一安全距离的时候,反馈这些距离值,并通过力反馈和屏幕显示的方式把它显示出来;二是在两个物体发生碰撞的时候,反馈发生碰撞的信息,并将对应的几何模型进行着色处理.着色处理有两种,一种是对发生碰撞的对象对用特殊的颜色表示,这样实现起来是比较简单的,只要在进行碰撞检测后发现了碰撞发生,就把两个物体分别着成相应颜色就可以了.还有一种着色的方法是在在发生碰撞检测的时候,判断究竟是两个碰撞对发生碰撞的还是碰撞对物体的那些小多边形单元,这就需要在输入几何模型的时候,要保留一份关于每个几何模型的多边形数据以及多边形面的索引数据,才能在发生碰撞时找到所需要的多边形单元并进行着色,以表示碰撞之所在.

在图形仿真中引入碰撞检测对于机器人的离线编程非常重要,因为只有这样才能在模拟仿真的过程当中,不断实时地检测机器人与周围物体当中是否发生了碰撞.在多机协同当中,这显得更加重要.因为在多个机器人的环境当中,碰撞检测则显得更为重要,因为在这样的环境当中,有多个运动的物体,它们的工作区有重叠现象,很容易发生碰撞.另外,机器人在运动的时候,随时检测机器人与周围场景以及几个机器人之间的相对位置关系,虽然可能无法达到实时避碰的目的,但是至少可以建立某种预警机制,在距离近到一定数值的时候,予以警告与提示.让操作者引起警觉,进行适当的干预.我们选择了 V-Collide 和 SWIFT＋＋两个碰撞检测库来完成碰撞检测功能,成功地将碰撞检测技术应用到机器人仿真当中,达到了预期的效果.图 4 - 4 所示,为具有碰撞检测功能的机器人协同仿真界面.两个机器人一直在进行碰撞检测,监视着两个机器人模型的最短距离,当两机器人的距离小到某个程度时,会弹出一个对话框说明已经发生了碰撞,并给出了两个实体间发生碰撞的三角形面片编号.

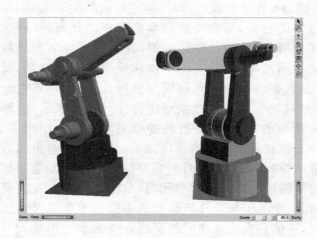

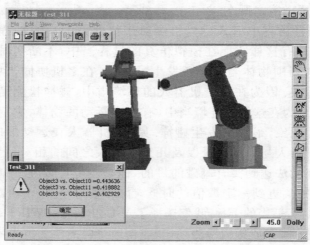

图 4-4   带碰撞检测的多机协同仿真示意图

4.4 力反馈技术在机器人远程监控中的应用

力反馈功能并不是凭空的,必须和实际的物理量结合起来,这样碰撞检测才能找到实际的用途.将力反馈功能与碰撞检测功能结合到一起,应该是一个合理的想法.机器人在操纵过程中主要面临的问题是如何避免机器人和周围的场景发生碰撞,也就是说机器人与周围场景接近到一定程度时要进行力反馈,而当接近到一定程度甚至发生碰撞时,除了通过力反馈提示操纵者发生了碰撞意外,还需要将碰撞信息反馈给系统仿真程序或者机器人控制器,以便采取适当的措施.根据上一节的介绍,操纵杆能够产生多种控制力,相对而言应该采用条件力来进行控制比较好.可首先规定一个阈值,当机器人与周围场景的距离大于某个具体数值的时候不产生力反馈,而当距离小于某个阈值的时候产生力反馈效果.根据实际需要,我们采用了分段线性函数的方法来产生实际距离和力反馈偏移量之间的对应关系.这样效果比较好一些.

在机器人远程控制系统的实现中,我们采用了带有力反馈的操纵杆来作为机器人远程交互的手段.在具体的控制当中,我们实际采用了 Microsoft 公司出品的力反馈操纵杆 SideWinder Force Feedback Pro 作为三维交互工具.摇杆控制是无接触性光电控制,无机械磨损,使用寿命长.其 x、y 坐标控制及力度控制也都使用光控,发光管随着手柄移动,接收电路则不断地输出手柄位置移动的信号给电脑,具有很高的精度.这款力反馈摇杆的手柄上还有握力感应器,不握紧它就无力反馈效果,给人更真实的感觉.操纵杆内部采用两个大电机及一套复杂的传动机构组成了力反馈系统,电脑将根据需要控制电机正、反向旋转,然后通过一套机械传动机构来产生手柄 x、y 方向上的力反馈效果,同时电机输入电流越大,力反馈效果就越强.操纵杆能够控制 2 个自由度,通过操纵杆上的热键或者键盘进行切换来确定到底是控制机器人的哪一个自由度.力反馈功能主要有两个用途,其一是与碰撞检测功能进行配合,当机器人与周围场景的距离小于某个数值以后要通过力反馈的方式对操纵者进行提示进行配合,当机器人本体与周围场景的间距小到一定程度的时候给以力反馈提示,并在发生碰撞的时候给予强烈的力反馈提示.采用DirectInput 技术在 VC 下进行开发.

4.4.1　碰撞检测与力反馈的结合

我们根据机器人控制的实际要求,对力反馈量的大小与机器人各个联杆和环境间的最小距离进行如下约定:先在碰撞状态(也就是距离为 0 时),有最大的力反馈量,当距离为 0.5 cm 时力反馈量为90%,1 cm 时力反馈量为 80%,距离增长一倍力反馈强度当量减小10%,依此类推.当距离达到 2 560 mm 时可以认为距离周围场景很远,完全没有发生碰撞的可能,不需要进行力反馈提示,取力反馈为0.其具体取值如表 4-1 所示.

表 4-1　力反馈度与最短距离对应表

距　离	0	5	10	20	40	80	160	320	640	1 280	2 560
力反馈度	100	90	80	70	60	50	40	30	20	10	0

各关键点之间的点通过线性插值来得到,这样就得到了最短距离与力反馈的关系曲线,如图 4-5 所示.在具体实现当中,力反馈提示还被用在机器人操纵上,当工作在远程监控状态时,不仅是发生接近或者碰撞的时候需给出力反馈效果,实际上操纵每一个关节在运动的时候还有一个极限值,当机器人的关节的运动达到相应的极限的时候也必须对可能发生的到限或者过限通过力反馈的方式进行反馈.为了能够及时准确地反映异常情况,实际上不只是通过力反馈一种方式,还可以通过声音和图示的方式来对这种情况进行说明,以使得用户能够对所发生的情况加深了解.

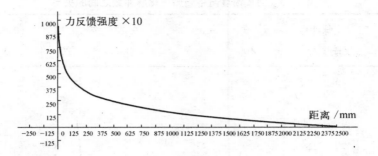

图 4-5 力反馈与距离关系曲线

4.4.2 力反馈与关节运动的集成

还有一种力反馈的应用形式,是将力反馈与关节的运动集成.因为关节的运动都是有极限的,当某个关节快要到达极限的时候给予适当的力反馈通知是十分必要的.这需要建立关节坐标值和力反馈的相互关系.在这里,我们采用直接将力反馈的数值与各个关节的状态值联系起来.与前面的方法类似,我们也采用了折线方式来表示.在总脉冲数的 65% 处为起算点,具体对应关系表如表 4-2所示.图 4-6 为根据如上约定而建立的力反馈量与关节极限位置的关系曲线图.以上是上极限的情况,对于下极限,情况是类似的,只是此时是起算点是在 35% 处,而在 0% 的时候取 100%.如表 4-3 所示.图 4-7 为根据如上约定而建立的力反馈量与关节极限位置的关系曲线图.

表 4-2 力反馈度与上限归一化脉冲数之间的关系

归一化脉冲数	1.0	0.95	0.90	0.85	0.65
力反馈度/%	100	50	30	20	0

表 4 - 3　　力反馈度与下限归一化脉冲数之间的关系

归一化脉冲数	0	0.05	0.10	0.15	0.35
力反馈度/%	100	50	30	20	0

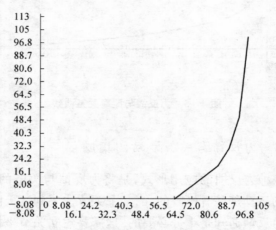

图 4 - 6　　力反馈与上限位置关系曲线图

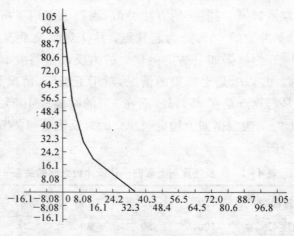

图 4 - 7　　力反馈与下限位置关系曲线图

4.5　小结

　　本章主要介绍了机器人的图形仿真技术与三维交互技术. 为了将机器人图形仿真的方法显示出来，必须首先对机器人进行建模，并建立机器人的运动学模型，以描述机器人各个关节的运动学规律. 接下来对基于几何模型的碰撞检测技术进行了比较详细的讨论，分析了常见的碰撞检测算法的优缺点，并针对机器人仿真的特点，提出一套行之有效的碰撞检测算法，以通用的碰撞检测算法库 Vcolide 为基础，来进行碰撞检测的操作. 分析了 OpenGL 的内部运行机制，给出了一套 OpenGL 仿真程序和碰撞检测程序库的接口规范，使得两者能够集成在一起，共享数据. 介绍了力反馈的基本原理，给出了力反馈与碰撞检测和极限位置控制等方面的内容.

第五章 摄像头标定及其在机器人远程监控中的应用

5.1 坐标系变换

空间坐标变为计算机的数字坐标,经过了三个变换.首先,空间坐标的物点变换到摄像机坐标系;其次,摄像机坐标下的物体映射到摄像机的CCD面,满足三角关系;最后,CCD面上的实际图象坐标变换到计算机图象坐标.

常见的坐标系有如下几种:

1. 世界坐标系

世界坐标系也称为用户坐标系.它是指在物体所处的空间中,用户可以自由地定义图形所表达物体几何尺寸的坐标系.也就是用实数表示的无量纲的笛卡儿坐标.它在 x 和 y 方向的范围是计算机能表示的整个实数范围,用户在这个坐标系中可以自由地设计描述图形.

2. 图象坐标系 (u, v) 和 (x, y)

摄像头采集的图象是以标准的电视信号的形式输入到计算机,经计算机中的专用 A/D 转换器变换成电视图象,每幅图象在计算机内为 $M \times N$ 数组,M 行 N 列的图象中的每个元素称为像素.对于彩色图象实际是有 RGB 三个分量.由此定义了像素的图象坐标系坐标.由于 (u, v) 只是表示了像素位于数组的列数和行数,并没有用物理单位的形式表示出该像素在图象当中的位置,因而需要采用物理单位表示图象的坐标,该坐标系以图象当中的某一点 O 为原点,x, y 轴分别与 u, v 轴平行.在 x, y 坐标当中,原点 O 定义为摄像机光轴与图象平面的交点,该点一般位于图象的中心处,但由于摄像机制造的原因也会产生一定的偏差. 若 u_0, v_0 在 x, y 轴方向的偏差为 $\mathrm{d}x$, $\mathrm{d}y$, 则图象中任意一个像素在两个坐标系当中的坐标有如下关系:

$$u = \frac{x}{\mathrm{d}x} + u_0$$

$$v = \frac{y}{\mathrm{d}y} + v_0 \tag{5-1}$$

用齐次坐标和矩阵的形式可以表述为:

$$
\begin{bmatrix} u \\ v \\ 1 \end{bmatrix} =
\begin{bmatrix}
\frac{1}{\mathrm{d}x} & 0 & u_0 \\
0 & \frac{1}{\mathrm{d}y} & v_1 \\
0 & 0 & 1
\end{bmatrix}
\begin{bmatrix} x \\ y \\ z \end{bmatrix}
\tag{5-2}
$$

其逆关系式可以表示为:

$$
\begin{bmatrix} x \\ y \\ 1 \end{bmatrix} =
\begin{bmatrix}
\mathrm{d}x & 0 & -u_0\mathrm{d}x \\
0 & \mathrm{d}y & -v_0\mathrm{d}y \\
0 & 0 & 1
\end{bmatrix}
\begin{bmatrix} u \\ v \\ 1 \end{bmatrix}
\tag{5-3}
$$

3. 摄像机坐标系: X_c, Y_c, Z_c

为了描述摄像机成像关系,还定义了一个新的坐标系,其原点 O 在摄像机的光心上, X_c 轴和 Y_c 轴和图象坐标系中的 x 轴与 y 轴平行, Z_c 为摄像机的光轴,它与图象平面垂直,光轴与图象平面的交点即为图象坐标系的原点.

4. 设备坐标系

设备坐标系是与设备相关的,是显示系统用于输出的坐标系. 例如所设计的图形在显示器上显示或用绘图仪绘制,这些输出终端其规格和大小都有所不同,所以设备坐标系的取值范围受输出设备的有效幅面和精度的限制,通常这是某个实数域. 对于屏幕显示设备来说,一个光栅单位(像素)为一个输出精度单位. 而对于绘图仪来说,一般以脉冲当量为单位. 另外,设备坐标系的原点设置也因设备而异. 在一般情况下,以设备的左下角为原点,x 向右为正方向,y 向上为正方向. x 和 y 的寻址范围是一个有限制的整数空间. 例如对于分辨率为 $1\,024\times768$ 的显示屏幕,其屏幕坐标的范围在 x 方向为 $0\sim1\,024$,y 方向为 $0\sim768$. 当图形在显示屏幕上显示出来的处理过程中,显示软件的窗口变换把用户坐标系(世界坐标系)的坐标转换到屏坐标系中进行显示. 因此,我们用户只需在用户坐标中进行图形定义即可. 有一点需要注意,那就是设备坐标系是指用于显示的窗口,而不一定非是显示设备的全部区域,因为一个显示设备可以在不同的窗口当中显示不同的内容,当然在全屏显示的状态下,两者是相同的.

5. 坐标系的归一化问题

由于摄像设备和显示设备硬件特征的不同,在实际的视频图象的显示与处理当中视频数据并不总是能一一对应的. 如果从屏幕的大小而言,显然用 15 寸、17 寸或者是投影仪的情况下显示同一幅图象的大小是不一样的. 另外图象获取和显示时,所用的分辨率也有可能会不同,从而造成有效工作范围的最大坐标值也不一定会完全相同. 为了便于图象数据的变换处理,需要引入了与设备无关的规格化坐标系,它是人为规定的假想坐标系. 其坐标原点以及轴的方向与设备坐标系相同. 但它的最大工作范围的坐标值规范化为 1. 这种独立于设备的单位就叫规范化设备坐标. 以显示屏幕为例,若其原点为左下角(0,0),则其右上角就为(1,1). 对于不同的摄像或者图象输出设备来说,其规范化坐标与实际坐标相差一个固定的倍数,也就是设备的分辨率. 当开发准备应用不同分辨率输出设备的图形软件时,首先把输出图形统一转换到规范化设备坐标系中以控制图形在设备显示范围内的相对位置. 当转换到具体不同设备时,只需将图形的规范化坐标值乘以相应的分辨率即可,由规范化坐标转化为屏幕坐标的线性关系为

$$x_s = x_n \times s_l$$
$$y_s = y_n \times s_i$$

$$(5-4)$$

式中：x_s，y_s 为设备坐标；

x_n，y_n 为规范化坐标；

s_l，s_i 为设备的长与宽的像素单位(分辨率).

5.2 摄像头参数的标定

实际的摄像头是一套复杂的光学系统,结构非常复杂,通常情况下都是对其采用简化模型来对其基本特性进行近似表示. 比较常用的是线性摄像机模型(针孔模型). 这是一种最常用的理想状态模型,其物理上相当于薄透镜成像. 其最大优点是成像关系是线性的,简单实用而不失准确性. 其基本原理图如图 5-1 所示. 摄像机坐标系和图象坐标系的 x，y 轴平行,z 轴垂直于成像平面. 假设空间任意一点 P 在图象上的成像位置可以用针孔模型来近似表示,即任意点 P 在图象上的投影位置 p,为光心 O 与 P 点的连线 OP 与图象平面的交点,这种关系也称为中心射影或者是透视投影. 由比例关系有如下关系式：

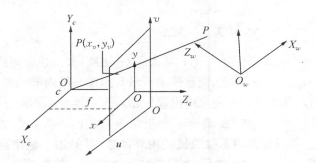

图 5-1 针孔成像模型示意图

$$x = \frac{fX_c}{Z_c} \qquad y = \frac{fY_c}{Z_c} \qquad (5-5)$$

其中，(u, v) 为 p 点的图象坐标；而 (X_c, Y_c, Z_c) 为空间点 P 在摄像机坐标系下的坐标. 我们用齐次坐标与齐次矩阵表示上述投影关系：

$$Z_c \begin{bmatrix} u \\ v \\ 1 \end{bmatrix} = \begin{bmatrix} f & 0 & 0 & 0 \\ 0 & f & 0 & 0 \\ 0 & 0 & 1 & 0 \end{bmatrix} \begin{bmatrix} X_c \\ Y_c \\ Z_c \\ 1 \end{bmatrix} \tag{5-6}$$

将式(5-2)代入上式，可以得到用世界坐标系表示的 P 点坐标与其投影点 p 的坐标 (u, v) 的关系：

$$\begin{aligned}
Z_c \begin{bmatrix} u \\ v \\ 1 \end{bmatrix} &= \begin{bmatrix} \dfrac{1}{\mathrm{d}x} & 0 & u_0 \\ 0 & \dfrac{1}{\mathrm{d}y} & v_0 \\ 0 & 0 & 1 \end{bmatrix} \begin{bmatrix} f & 0 & 0 & 0 \\ 0 & f & 0 & 0 \\ 0 & 0 & 1 & 0 \end{bmatrix} \begin{bmatrix} R & t \\ 0^{\mathrm{T}} & 1 \end{bmatrix} \begin{bmatrix} X_w \\ Y_w \\ Z_w \\ 1 \end{bmatrix} \\
&= \begin{bmatrix} a_x & 0 & u_0 & 0 \\ 0 & a_y & v_0 & 0 \\ 0 & 0 & 1 & 0 \end{bmatrix} \begin{bmatrix} R & t \\ 0^{\mathrm{T}} & 1 \end{bmatrix} \begin{bmatrix} X_w \\ Y_w \\ Z_w \\ 1 \end{bmatrix} \\
&= M_1 M_2 X_w = \boldsymbol{M} X_w
\end{aligned} \tag{5-7}$$

其中，$a_x = f/\mathrm{d}x$，$a_y = f/\mathrm{d}y$；$\boldsymbol{M}$ 为 3×4 矩阵，称为投影矩阵，M_1 完全由 a_x，a_y，u_0，v_0 决定，而这些参数只与摄像头的内部结构有关，是摄像头的内部参数；M_2 完全由摄像机相对于世界坐标系的方位决定，称为摄像机的外部参数. 确定一个摄像机系统的内外参数的过程又被称为定标. 只要知道了摄像机的内外参数，就知道了整个摄像头的投影矩阵，对应任意的点 P，如果已知其坐标 X_w，就能够求出其图象点 p 的位置 (u, v). 反过来，如果知道了某一点 P 的图象点 p 的位置，即使知道了其摄像机的内外参数，但是解不是唯一的. 其原因在于从空间点到图象点的映射是多对一的，而不是一对一的. 也就是说根据

P,虽然知道系统的 P 能够求得 p,而反之不行. 这是因为 M 是 3×4 不可逆矩阵,当已知 M 与 (u, v),由上式子消去 Z_c 的时候,只得到了 X_w, Y_w, Z_w 的两个线性方程组,由这两个方程组成的方程组即为射线 OP 的方程,也就是说,投影点为 p 的所有点均在该射线上,当已知图象点 p 时,根据针孔模型,任何位于射线 OP 上的空间点的图象点都是 p 点,因此,该空间点是不能唯一确定的. 在上一节当中,介绍了摄像机的针孔模型. 通过针孔模型的近似表示,就能够得到三维空间到二维平面的映射关系. 通过试验和计算相结合的办法来对这些参数进行计算的过程,被称为摄像头标定.

在摄像机标定中所需标定的外部参数 6 个和内部参数 6 个,共 12 个参数. 如此多的参数想在一个方程组或一次优化搜索中得到全部的解是不容易的. 现有的标定方法有:利用最优化算法的标定方法、利用摄像机变换矩阵的标定方法、考虑畸变补偿的 Tsai 两步法、摄像机成像模型的双平面定标方法[84-86].

现有的摄像机标定技术大体可以分为两类:传统的摄像机标定方法和摄像机自标定方法. 传统的摄像机标定方法是在一定的摄像机模型下,在摄像机前放置一个已知的标定参照物,利用已知物体的一些点的已知三维坐标和它们的图象坐标,求取摄像机模型的内部参数和外部参数. 而自标定方法不需要已知标定参照物,仅利用摄像机在运动过程中周围环境的图象及图象间的对应关系对摄像机进行标定.

比较经典的摄像头标定方法有直接线性变换法、透视变换矩阵法和 Tsai 二步法等,也有采用人工神经网络方法的.

1. 直接线性变换法

直接线性变换方法是 AbdelAsis 和 Karara 提出的. 通过求解线性方程的手段就可以求得摄像机模型的参数. 这种方法完全没有考虑摄像机过程中的非线性畸变问题. 为了提高定标精度,非线性最优化算法仍不可避免. 直接线性变换方法具有两种含义,一种含义是直接通过求解一组线性方程得到摄像机的有关参数,另一种含义是求解的过程中不排除使用非线性优化算法.

直接线性变换方法所使用的模型是:

$$u = \frac{X_w l_{00} + Y_w l_{01} + Z_w l_{02} + l_{03}}{X_w l_{20} + Y_w l_{21} + Z_w l_{22} + l_{23}} \qquad v = \frac{X_w l_{10} + Y_w l_{11} + Z_w l_{12} + l_{13}}{X_w l_{20} + Y_w l_{21} + Z_w l_{22} + l_{23}}$$

$$(5-8)$$

其中(X_w, Y_w, Z_w)是三维物体空间中控制点的坐标,(u, v)是图象上对应于三维控制点的图象点的坐标,而 l_{ij} 是直接线性变换方法的待定参数.

不失一般性,我们可以令 $l_{23} = 1$. 如果知道 $N(N > 5)$ 个标准参照物的控制点的坐标(X_w, Y_w, Z_w)及其对应的图象上的坐标(u, v),11 个参数就可以用线性最小二乘法来计算.

2. 利用透视变换矩阵来进行标定

从摄影测量学中的传统方法可以看出,描述三维空间坐标系与二维图象坐标系关系的方程,一般说来是摄像机内部参数和外部参数的非线性方程. 如果忽略摄像机镜头的非线性畸变,那么从三维到二维的变换就是线性变换,给定足够多的点的三维世界坐标及其相应的图象坐标,那么就可以利用线性方法求解透视变换矩阵中的各个元素,从而求得摄像机的参数,即先求透视变换矩阵,然后由求得的透视变换矩阵分解得到摄像机参数.

这一类标定方法的优点是不需利用最优化方法来求解摄像机的参数,从而运算速度快,能够实现摄像机参数的实时的计算. 缺点是:

(1) 过程中不考虑摄像机镜头的非线性畸变,标定精度受到影响.

(2) 线性方程中未知参数的个数大于要求解的独立的摄像机模型参数的个数,线性方程中未知数不是相互独立的. 这种过分参数化的缺点是,在图象含有噪音的情况下,解得线性方程中的未知数也许能很好的符合这一组线性方程,但由此分解得到的参数值却未必与实际情况很好地符合.

根据针孔模型,可以将空间任意一点$(X_w, Y_w, Z_w, 1)$与其在摄像头当中的成像$(u, v, 1)$用下式表示：

$$Z\begin{bmatrix} u \\ v \\ 1 \end{bmatrix} = \begin{bmatrix} m_{11} & m_{12} & m_{13} & m_{14} \\ m_{21} & m_{22} & m_{23} & m_{24} \\ m_{31} & m_{32} & m_{33} & m_{34} \end{bmatrix} \begin{bmatrix} X_w \\ Y_w \\ Z_w \\ 1 \end{bmatrix} = \boldsymbol{M} \cdot \begin{bmatrix} X_w \\ Y_w \\ Z_w \\ 1 \end{bmatrix} \quad (5-9)$$

其中m_{ij}为投影变换矩阵$\boldsymbol{M}$的元素. 经过整理消去Z以后可得到如下两个关于m_{ij}的关系式：

$$m_{11}X_w + m_{12}Y_w + m_{13}Z_w - m_{14} - uX_w m_{31}$$
$$- uY_w m_{32} - uZ_w m_{33} = um_{34}$$
$$m_{21}X_w + m_{22}Y_w + m_{23}Z_w - m_{24} - vX_w m_{31}$$
$$- vY_w m_{32} - vZ_w m_{33} = vm_{34} \quad (5-10)$$

如果已知三维世界坐标和相应的图象坐标, 将变换矩阵看作未知数, 则共有 12 个未知数. 对于每一个物体点, 都有如上的两个方程, 因此, 取 6 个物体点, 就可以得到 12 个方程, 从而求得变换矩阵$\boldsymbol{M}$的系数. 一般可假设$m_{34} = 1$, 则共有 11 个未知数, 取 6 个目标点可得 12 个方程, 是一个超定方程, 表示成矩阵方式如下：$\boldsymbol{K} \cdot \boldsymbol{M} = \boldsymbol{U}$.

$$\boldsymbol{K} = \begin{bmatrix} X_{w1} & Y_{w1} & Z_{w1} & 1 & 0 & 0 & 0 & 0 & -u_1 X_{w1} & -u_1 Y_{w1} & -u_1 Z_{w1} \\ 0 & 0 & 0 & 0 & X_{w1} & Y_{w1} & Z_{w1} & 1 & -v_1 X_{w1} & -v_1 Y_{w1} & -v_1 Z_{w1} \\ X_{w2} & Y_{w2} & Z_{w2} & 1 & 0 & 0 & 0 & 0 & -u_2 X_{w2} & -u_2 Y_{w2} & -u_2 Z_{w2} \\ 0 & 0 & 0 & 0 & X_{w2} & Y_{w2} & Z_{w2} & 1 & -v_2 X_{w2} & -v_2 X_{w2} & -v_2 X_{w2} \\ X_{w3} & X_{w3} & X_{w3} & 1 & 0 & 0 & 0 & 0 & -u_3 X_{w3} & -u_3 X_{w3} & -u_3 X_{w3} \\ 0 & 0 & 0 & 0 & X_{w3} & X_{w3} & X_{w3} & 1 & -v_3 X_{w3} & -v_3 X_{w3} & -v_3 X_{w3} \\ X_{w4} & X_{w4} & X_{w4} & 1 & 0 & 0 & 0 & 0 & -u_4 X_{w4} & -u_4 X_{w4} & -u_2 X_{w4} \\ 0 & 0 & 0 & 0 & X_{w4} & X_{w4} & X_{w4} & 1 & -v_4 X_{w4} & -v_4 X_{w4} & -v_4 X_{w4} \\ X_{w5} & X_{w5} & X_{w5} & 1 & 0 & 0 & 0 & 0 & -u_5 X_{w5} & -u_5 X_{w5} & -u_5 X_{w5} \\ 0 & 0 & 0 & 0 & X_{w5} & X_{w5} & X_{w5} & 1 & -v_5 X_{w5} & -v_5 X_{w5} & -v_5 X_{w5} \\ X_{w6} & X_{w6} & X_{w6} & 1 & 0 & 0 & 0 & 0 & -u_6 X_{w6} & -u_6 X_{w6} & -u_6 X_{w6} \\ 0 & 0 & 0 & 0 & X_{w6} & X_{w6} & X_{w6} & 1 & -v_6 X_{w6} & -v_6 X_{w6} & -v_2 X_{w6} \end{bmatrix}$$

$$\boldsymbol{M} = \begin{bmatrix} m_{11} & m_{12} & m_{13} & m_{14} & m_{21} & m_{22} & m_{23} & m_{24} & m_{31} & m_{32} & m_{33} & m_{34} \end{bmatrix}$$

$$\boldsymbol{U} = \begin{bmatrix} u_1 & v_1 & u_2 & v_2 & u_3 & v_3 & u_4 & v_4 & u_5 & v_5 & u_6 & v_6 \end{bmatrix}^{\mathrm{T}}$$

$$(5-11)$$

利用最小二乘法求出上述线性方程组的解为：

$$\boldsymbol{M} = (\boldsymbol{K}^{\mathrm{T}}\boldsymbol{K})^{-1}\boldsymbol{K}^{\mathrm{T}}\boldsymbol{U} \qquad (5-12)$$

在具体标定中，通常使得标定块上的已知点数目远远大于 12 个，使得放出的个数大大超过未知数的个数，这样用最小二乘法来进行求解可以降低误差造成的影响. 在获得了 $\boldsymbol{M}$ 参数以后就能够通过 $\boldsymbol{M}$ 与摄像机的参数的关系式求得其 4 个内部参数和 6 个外部参数.

5.3 摄像头校准的具体实现

对于一个摄像头来说，其光学系统与所安放的位置是无关的. 我们将其称为静态投影特性，是摄像头的本征参数；还有一些参数与摄像头的内部性质无关，是由摄像头与被摄物体的相互关系所决定的，也就是摄像头的视角与视点. 由于摄像头工作时，所处的位置以及安放的方位不同，而使得坐落于世界坐标系当中的场景在摄像头中以不同的方式来进行成像. 摄像头的外部参数是针对摄像头被安放于某一个特定位置而言的. 摄像头在一个标准环境下面测出其相应的内部参数和外部参数相对来说比较容易，而当其在工业现场时，对其参数进行测量则相对比较麻烦. 我们不妨将其在任意位置的投影变换看作是两个过程的叠加，一是在某个标准位置时的内部和外部参数，我们称为静态参数；二是摄像头从该初始位置到任意工作位置所产生的变换矩阵，我们称为动态参数. 前者可以在实验室环境下比较精确的测量，而后者则在具体工业现场进行测量.

5.3.1 摄像头静态参数的标定

在前面的针孔模型当中，对摄像头的校准实际上就是要试图通过获取一些空间坐标上的点(x, y, z)与它们在摄像机屏幕上对应的成像点(u, v)来求得一个 3×4 的矩阵,并最终表征摄像头的成像特性. 其中的摄像头坐标系可以任意选取,在具体实现当中我们也任意选取一个便于计算的,在具体实现当中我们是在具有良好标度的实验室环境当中进行. 下一步再进行外部参数的标度,也就是找出摄像头静态参数坐标系与实际工作坐标系之间的相互关系.

为了方便起见,我们取摄像头的坐标系如图 5-2 所示,摄像头平行于地面放置,其中 Y 轴取主光轴,正方向为指向被摄取物体;Z 轴为高度方向;X 轴用右手定则来确定. 标志板的选取如图5-3 所示,共有 7×7 共 49 个圆,每个圆的直径为 10 mm,相邻两个圆的圆心距为 50 mm. 用二维数组(i, j)对各个圆的位置进行编号,将左上角的圆编号为$(0, 0)$,则右下角的圆编号为$(6, 6)$,位于中心位置的圆编号为

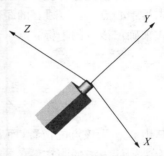

图 5-2　摄像头坐标系的选取

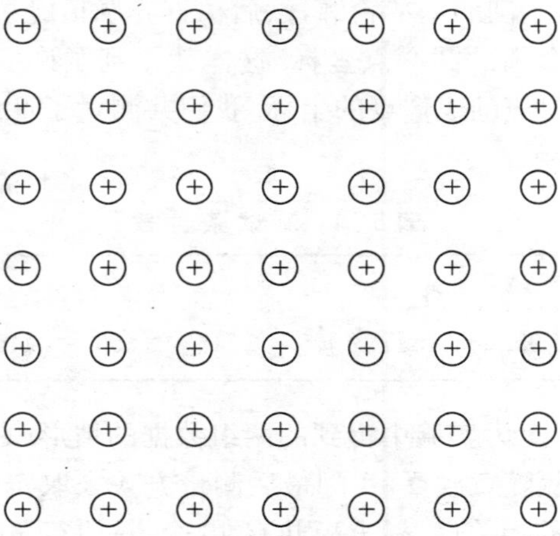

$$\begin{array}{ccccccc}
\oplus & \oplus & \oplus & \oplus & \oplus & \oplus & \oplus \\
\oplus & \oplus & \oplus & \oplus & \oplus & \oplus & \oplus \\
\oplus & \oplus & \oplus & \oplus & \oplus & \oplus & \oplus \\
\oplus & \oplus & \oplus & \oplus & \oplus & \oplus & \oplus \\
\oplus & \oplus & \oplus & \oplus & \oplus & \oplus & \oplus \\
\oplus & \oplus & \oplus & \oplus & \oplus & \oplus & \oplus \\
\oplus & \oplus & \oplus & \oplus & \oplus & \oplus & \oplus
\end{array}$$

图 5-3　摄像头校准板图

（3，3）．在测量过程当中，保持标志板始终与摄像头主光轴垂直，并且
与之交点为（3，3）点的圆心．这意味只要满足标志板与摄像头主光轴
垂直并且其交点为标志板中心点（（3，3）圆的中心），不管标志板的距
离如何，标志板中心点所成像将始终位于所成画面的中心位置．对于
某一时刻标志板上任何一点的坐标可以进行如下确定：其 Y 轴坐标
就是标志板到摄像头的距离，而 X 坐标和 Y 坐标则是该点相对与标
志板中心点（3，3）圆心的距离．对于我们所选择的标志点，可以用下
式来确定该点的坐标：

$$\begin{cases} X_{i,j,l} = 50(j-3) \\ Y_{i,j,l} = L_l \\ Z_{i,j,l} = 50(i-3) \end{cases} \qquad (5-13)$$

其中 i，j 为该点的位置，而 l 为某次测量的序号，L_l 为 l 次测量时摄
像头到标志板的距离．

　　将标志板放置于距离摄像头不同位置拍摄图象并保存，就能够
获取一系列的标志板照片，对于每一幅标志板上的圆形区域边缘检
测，以便获得每个圆的基本轮廓，然后根据轮廓值经过加权平均求得
标志板上的每个圆的圆心点坐标．这样就得到了许多原始点的空间
坐标以及它们对应的成像点的坐标．我们共测量了 9 组数据，测试条
件如表 5-1 所示：

表 5-1　测 试 条 件 表　　　　　　（单位：mm）

序号	1	2	3	4	5	6	7	8	9
距离	1 683	1 952	2 168	2 475	2 715	2 850	1 445	1 206	1 017

　　图 5-4 所示为实验中得到的两组数据的情形．之所以采用大致
按照一定的间隔随意放置，实际最后测量方式来取实验数据，主要是
为了减少数据的相关性．标志板共有 49 个点，进行了 9 次测量，得到
441 个点，对每次测量的点用取随机数的方式随机的取出 4 个数据，

这样共取了 36 个坐标值,采用利用透视投影矩阵来进行标定的方法,用最小二乘法就可以求得投影矩阵的 12 个参数.

(a) L=1 952 mm　　　　　　　(b) L=2 715 mm

图 5‐4　摄像头标定的图象

5.3.2　摄像头动态参数的标定

动态参数的求取主要是利用几何测量的方法. 摄像头坐标系的原点在物理坐标系中的相对位置不难获得. 由于摄像头坐标系和参考坐标系都是垂直地面向上的方向为 Z 轴的正方向,当然由于摄像头一般不会直接架设在地面,而且几何模型的原点也不一定取在地面的某一点,因此,两坐标系在 Z 轴方向上会有一个高度差,如果暂时不考虑 Z 轴的问题,那么两个坐标系的问题将可以简化到二维的情况来考虑. 校准过程示意图如图 5‐5 所示.

其中 5‐5(a)是原始图,里面有两个坐标系,XOY 是摄像头的坐标系,而 $X'O'Y'$ 是几何模型的坐标系. 两者的原点分别是 O 和 O'. 校准的步骤如下:

测量两个原点的距离 L,以及两个原点连线关于 X 轴的夹角 θ,如图 5‐5(b)所示. 这样就可以求得 O' 相对与 XOY 坐标系的坐标 (X,Y) 的偏移量 $\Delta x = L\cos\theta$,$\Delta y = L\sin\theta$,此时的变换用伪代码可以写成:Translate(Δx, Δy, 0).

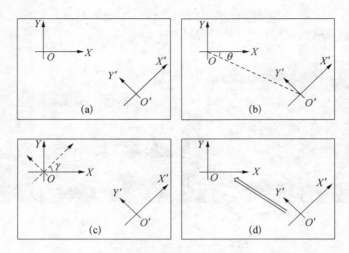

图 5 - 5 摄像头位置校准过程示意图

将 XOY 坐标系经过平移 (X,Y) 后,使得 O 与 O' 重合,求得两个坐标系 X 轴和 X' 轴的夹角 γ. 其过程如图 5 - 5(c)所示. 这样就完成了由 $X'OY'$ 坐标系向 XOY 坐标系的转换. 如图 5 - 5(d)所示. 如果考虑高度问题,两个坐标系存在一个平移问题. 只要求得两个原点间的高度差 Δz,然后对坐标系进行相应的调整就可以了. 用伪代码表示为:$\text{Translate}(\Delta x,\Delta y,\Delta z)$. 整个变换关系式子可以写成:

$$
\begin{bmatrix} X_w \\ Y_w \\ Z_w \\ 1 \end{bmatrix} = \text{Translate}(0,\ 0,\ \Delta z)\text{Rot}(\gamma,\ 0,\ 0,\ 1)\cdot\text{Tralslate}(\Delta x,\ \Delta y,\ 0)\begin{bmatrix} X \\ Y \\ Z \\ 1 \end{bmatrix}
$$

$$
= \text{Rot}(\gamma,\ 0,\ 0,\ 1)\cdot\text{Tralslate}(\Delta x,\ \Delta y,\ \Delta z)\begin{bmatrix} X \\ Y \\ Z \\ 1 \end{bmatrix}
$$

$$= \begin{bmatrix} \cos\gamma & -\sin\gamma & 0 & 0 \\ \sin\gamma & \cos\gamma & 0 & 0 \\ 0 & 0 & 1 & 0 \\ 0 & 0 & 0 & 1 \end{bmatrix} \begin{bmatrix} 1 & 0 & 0 & \Delta x \\ 0 & 1 & 0 & \Delta y \\ 0 & 0 & 1 & \Delta z \\ 0 & 0 & 0 & 1 \end{bmatrix} \begin{bmatrix} X \\ Y \\ Z \\ 1 \end{bmatrix} \tag{5-14}$$

令
$$\boldsymbol{T} = \begin{bmatrix} \cos\gamma & -\sin\gamma & 0 & 0 \\ \sin\gamma & \cos\gamma & 0 & 0 \\ 0 & 0 & 1 & 0 \\ 0 & 0 & 0 & 1 \end{bmatrix} \begin{bmatrix} 1 & 0 & 0 & \Delta x \\ 0 & 1 & 0 & \Delta y \\ 0 & 0 & 1 & \Delta z \\ 0 & 0 & 0 & 1 \end{bmatrix}$$

则上式可以写成:

$$\begin{bmatrix} X_w \\ Y_w \\ Z_w \\ 1 \end{bmatrix} = \boldsymbol{T} \cdot \begin{bmatrix} X \\ Y \\ Z \\ 1 \end{bmatrix} \tag{5-15}$$

将结果代入式5-9,可得:

$$Z \begin{bmatrix} u \\ v \\ 1 \end{bmatrix} = \boldsymbol{M} \cdot \boldsymbol{T} \cdot \begin{bmatrix} X \\ Y \\ Z \\ 1 \end{bmatrix} \tag{5-16}$$

式(5-16)为模型坐标与屏幕成像的关系式,由此可以求得模型坐标系中的任何一点与成像窗口间的对应点之间的关系.

5.4 摄像头畸变的校准与补偿

5.4.1 摄像头的畸变问题

在机器视觉的研究和应用中,将三维空间场景通过透视变换转换成二维图象,所使用的仪器或设备一般都为由多片透镜组成的光学镜头,如胶片相机、数码相机、摄像机等,以下我们统称为摄像机.

它们都有着相同的成像模型,即小孔模型,由于摄像机的光学成像系统与理论模型之间的差异,因此二维图象存在着不同程度的非线性变形,通常把这种非线性变形称之为几何畸变,除了这些几何畸变外,还有摄像机成像过程不稳定,以及图象分辨率低引起的量化误差等其他因素影响,因而物体点在摄像机像面上实际由于摄像机光学系统存在加工误差和装配误差,物点在摄像机像面上实际所成的像与理想成像之间存在光学畸变误差. 实际的摄像头并不是理想的线性模型,尤其是在接近于广角镜头的情况下,为了能够比较真实地表征在这种情况下摄像机的真实特性,必须要在原有真实模型的基础上,增加约束条件,对其进行更进一步的描述. 描述非线性畸变可以用下列公式:

$$\bar{x} = x + \delta_x(x, y)$$
$$\bar{y} = y + \delta_y(x, y) \tag{5-17}$$

其中 $(\bar{x}, \bar{y})$ 为由小孔线性模型计算出来的图象电坐标的理想值,而 (x, y) 是实际的图象点坐标,δ_x, δ_y 为非线性的畸变值,它与图象点在图象中的位置有关.

5.4.2 带径向和切向畸变的摄像机模型

摄像机主要的畸变误差分为三类:径向畸变、偏心畸变和薄棱镜畸变. 第一类只产生径向位置的偏差,后两类既产生径向偏差,又产生切向偏差. 径向畸变主要是由镜头形状引起的,正向畸变称为枕形畸变,负向畸变称为桶形畸变,是关于摄像机镜头的主光轴对称的.

偏心畸变主要是由光学系统光心——与几何中心不一致造成的,即镜头器件的光学中心不能严格共线. 这类畸变既含有径向畸变,又含有切向畸变.

薄棱镜畸变是由于镜头设计缺陷和加工安装误差所造成的,如镜头与摄像机像面有很小的倾角等. 这类畸变相当于在光学系统中附加了一个薄棱镜,不仅会引起径向偏差,而且会引起切向误差.

整个摄像机的畸变可以看做是三个畸变之和.

$$\delta_x(x, y) = \delta_{xr} + \delta_{xd} + \delta_{xp}$$

$$\delta_y(x, y) = \delta_{yr} + \delta_{yd} + \delta_{yp} \qquad (5-18)$$

其中：

$$\begin{cases} \delta_{xr} = k_1 x(x^2+y^2) \\ \delta_{yr} = k_2 y(x^2+y^2) \end{cases}, \begin{cases} \delta_{xd} = p_1(3x^2+y^2) + 2p_2 xy \\ \delta_{yd} = p_2(3x^2+y^2) + 2p_1 xy \end{cases},$$

$$\begin{cases} \delta_{xp} = s_1(x^2+y^2) \\ \delta_{yp} = s_2(x^2+y^2) \end{cases}$$

将式(5-18)代入式(5-17)可得到：

$$\bar{x} = x + \delta_{xr} + \delta_{xd} + \delta_{xp} = k_1 x(x^2+y^2) +$$
$$(p_1(3x^2+y^2) + 2p_2 xy) + s_1(x^2+y^2)$$

$$\bar{y} = y + \delta_{yr} + \delta_{yd} + \delta_{yp} = k_2 y(x^2+y^2) +$$
$$(p_2(3x^2+y^2) + 2p_1 xy) + s_2(x^2+y^2) \qquad (5-19)$$

线性模型的参数与非线性畸变参数 k_1，k_2，p_1，p_2，s_1，s_2 一起构成了非线性的内部参数. 从原理上来说只要能够直接设法求得这些参数，就能够描述摄像头系统的特性.

5.4.3 传统的畸变校准方法

在前面介绍的有畸变的摄像头当中，我们可以将一个有畸变的摄像头的投影过程看做是由两个过程的叠加，一个是针孔模型的理想摄像头所完成的投影过程，它完成由真实世界到一个理想的两维世界的线性变换，还有一个过程是完成从理想的摄像头到真实摄像头的非线性化变换，整个流程图如图5-6所示. 如果将真实摄像头的成像过程看做是如上两个简单过程的叠加化，这样摄像头的校准过程就可以分解成两个过程,一是对一个理想摄像头的校准,二是对摄像头非线性化的校准. 实际就是完成从一个两维空间到另外一个两维空间的非线性映射,两者可以分开进行,并采用各种不同的方法来进行.

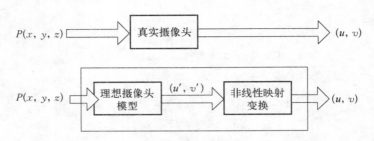

图 5-6　带畸变摄像头模型等效原理图

对于过程 1,已经有一些比较好的算法能够解决;对于过程 2 一般都是通过建立一种抽象的关于畸变的摄像头模型,然后再通过实验的方法求得实际的关于畸变的参数来获得.

在具体的应用当中,薄棱镜影响较小,而偏心畸变则是由于镜头组的设计缺陷和加工误差所致,随着现在光学仪器加工水平的逐步提高,应该说镜头的精度正在不断的提高,由于偏心畸变造成的影响也随之在不断的减小,况且引入过多的非线性参数,往往不仅不能提高解的精度,反而会引起解的不稳定性. 在工业机器视觉应用环境中,径向畸变起了主导的作用,所以一般只考虑径向畸变导致的摄像头畸变模型,径向畸变是关于摄像机镜头的主光轴对称的,是对边缘处存在较大畸变的一种模型化. 如果只考虑径向畸变的情况,则上式可以简化写成:

$$\begin{cases} \bar{x} = x(1 + k_1 r^2) \\ \bar{y} = y(1 + k_2 r^2) \end{cases} \quad \text{其中 } r^2 = x^2 + y^2 \quad (5-20)$$

80 年代中期 Tsai 提出的基于 RAC 的定标方法,该方法的核心是利用径向一致约束来求解除 1(像机光轴方向的平移)外的其他像机外参数,然后再求解像机的其他参数. 基于 RAC 方法的最大好处是它所使用的大部分方程是线性方程,从而降低了参数求解的复杂性,因此其定标过程快捷、准确.

Tsai 的两步法标定的第一步是利用最小二乘法求解超定线性方程,给出外部参数;第二步求解内部参数,如果摄像机无透镜畸变,可由一个超定线性方程解出. 如果存在一个以二次多项式近似的径向畸变,则可用一个三变量的优化搜索求解.

5.4.4　基于神经网络的畸变校准[87, 88]

从本质上来看,BP 神经网络(back propagation neural network)的学习过程就是通过各层连接权的调整和组合,以达到一种满意的拓扑结构,这种拓扑结构能将学习样本的给定输入矢量空间映射到给定的输出矢量空间. BP 神经网络具有输入层、隐含层和输出层三层. 映射定理将告诉我们:具有一个隐含层的三层 BP 神经网络能够逼近任何映射函数以完成给定的映射任务. 映射定理告诉我们:只要有一个隐含层的 BP 网络,就可以实现所期望的由输入矢量空间到输出矢量空间的映射. 同时我们也可以由 Kolmogorov 定理和 BP 定理得知:一个三层的 BP 神经网络可以实现从输入到输出的任意的非线性映射.

1. BP 神经网络的基本概念

BP 网络可以看作是一个从输入到输出的高度非线性映射,即 F: $R^n \rightarrow R^m$, $f(X) = Y$. 对于样本集合:输入 $x_i \in R^n$ 和输出 $y_i \in R^m$, 可以认为存在某一映射 g 使得: $g(x_i) = y_i$ $i = 1, 2, \cdots, n$. 现在要求出一映射 f,使得在某种意义下(通常是最小二乘意义下),f 是 g 的最佳逼近. 由 Kolmogorov 定理和 BP 定理可以得知神经网络通过对简单的非线性函数进行数次复合,可以近似复杂的函数. 给定任意 $\varepsilon > 0$ 和任意 L_2 函数 f: $[0, 1]^n \rightarrow R^m$,存在一个三层 BP 网络,在任意 ε 平方误差精度内逼近 f.

虽然由 BP 定理可知,只要三层的 BP 网络就可以实现 L_2 函数,但实际上还是有必要使用更多层的 BP 函数,其原因是用三层 BP 网络来实现 L_2 函数,往往需要大量的隐含层节点,而使用多层网络可以减少隐含层点数. 但如何选取网络的隐含层数和节点数,还没有确切的方法和理论,通常是通过对学习样本和测试样本的误差交叉评价的试凑法来选取.

采用 BP 算法的多层前馈神经网络模型一般称为 BP 神经网络,它的连接权的调整采用的是反向传播(Back Propagation)的算法,它由输入层、隐含层和输出层组成,隐含层可以是一层或者多层. BP 神经网络的学习过程由两部分组成:正向传播和反向传播. 当正向传播时,输入信息从输入层经过隐含单元层处理后传向输出层,每一层神经元的状态只影响下一层的神经元状态. 如果在输出层得不到希望的输出,就是实际输出值与期望输出值之间有误差,则转入反向传播,将误差信号沿原来的神经元连接通路返回,在返回过程中逐一修改各层神经元的权值,逐次地向输入层传播去进行计算,再经过正向传播过程. 这种过程不断迭代,最后信号误差在允许的范围之内,这个时候网络的学习过程就结束了. BP 神经网络一般采用一定阈值特性的连续可微的 S 型函数作为神经元的激发函数.

BP 算法是一种有导师的学习算法,适合于多层神经元网络的训练,它是建立在梯度下降法的基础上的. 如图 5-7 所示的设含有共 L 层和 n 个节点的 BP 神经网络,每层单元只接受前一层的输出信息并输出给下一层各单元,各个节点的特性为 Sigmoid 型. 为简单起见,认为网络只有一个输出 y. 设给 N 个样本 $(x_i, y_i)(i = 1, 2, \cdots, N)$,任一个节点 i 的输出为 O_i,对某一个输入为 x_k,网络的输出 y_k,节点 i 的输出为 O_{ik},现在研究第 l 层的第 j 个单元,当输入第 k 个样本的时候,节点 j 的输入为:$net_{jk}^l = \sum_j w_{ij}^l O_{jk}^{l-1}$,$O_{jk}^{l-1}$ 表示 $l-1$ 层,输入第 k 个样本时,第 j 个单元节点的输出:$O_{jk}^l = f(net_{jk}^l)$,使用误差函数为平方型:$E_k = \dfrac{1}{2} \sum_i (y_{jk} - \bar{y}_{jk})^2$,$\bar{y}_{jk}$ 是单元 j 的实际输出.

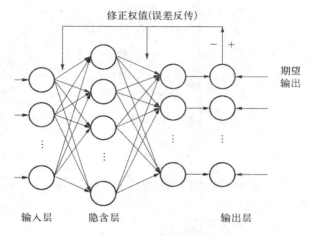

图 5-7 BP 神经网络模型

总误差为：
$$E = \frac{1}{2N} \sum_{k=1}^{N} E_k^2 \qquad (5-21)$$

定义：
$$\delta_{jk}^l = \frac{\partial E_k}{\partial net_{jk}^l} \qquad (5-22)$$

则有：
$$\frac{\partial E_k}{\partial w_{ij}^l} = \frac{\partial E_k}{\partial net_{jk}^l} \frac{\partial net_{jk}^l}{\partial w_{ij}^l} = \frac{\partial E_k}{\partial net_{jk}^l} O_{jk}^{l-1} \qquad (5-23)$$

分两种情况进行讨论：

1) 如果节点 j 为输出单元，则有 $O_{jk}^l = \bar{y}_{jk}$

$$\delta_{jk}^l = \frac{\partial E_k}{\partial net_{jk}^l} = \frac{\partial E_k}{\partial \bar{y}_{jk}} \frac{\partial \bar{y}_{jk}}{\partial net_{jk}^l} = -(y_k - \bar{y}_k) f'(net_{jk}^l) \qquad (5-24)$$

2) 如果节点 j 不为输出单元，则

$$\delta_{jk}^l = \frac{\partial E_k}{\partial net_{jk}^l} = \frac{\partial E_k}{\partial O_{jk}^l} \frac{\partial O_{jk}^l}{\partial net_{jk}^l} = \frac{\partial E_k}{\partial O_{jk}^l} f'(net_{jk}^l) \qquad (5-25)$$

其中 O_{jk}^l 是送到下一层 $(l+1)$ 的输入，计算 $\frac{\partial E_k}{\partial O_{jk}^l}$ 要从 $(l+1)$ 层

算回来.

在 $(l+1)$ 层第 m 个单元时:

$$\frac{\partial E_k}{\partial O_{jk}^l} = \sum_m \frac{\partial E_k}{\partial net_{jk}^l} \frac{\partial net_{jk}^l}{\partial O_{jk}^l} = \sum_m \frac{\partial E_k}{\partial net_{jk}^l} w_{mj}^{l+1} = \sum_m \delta_{mk}^{l+1} w_{mj}^{l+1}$$

$$(5-26)$$

由式(5-23)和式(5-24)可以得到:

$$\delta_{jk}^l = \sum_m \delta_{mk}^{l+1} w_{mj}^{l+1} f'(net_{jk}^l) \qquad (5-27)$$

反向传播算法的步骤可以概括如下:

1) 选定权系数初值;

2) 重复下述过程直到收敛:

a. 对 $k = 1$ 到 N

正向过程计算: 计算每一层各个单元的 O_{jk}^{l-1}, net_{jk}^l 和 $\bar{y}_k$, $k = 2, \cdots, N$

反向过程计算: 对各层 $(l = L-1$ 到 $2)$, 对每层各单元, 计算 δ_{jk}^l

b. 修正权值

$$w_{ij} = w_{ij} - \mu \frac{\partial E}{\partial w_{ij}} \ (\mu > 0) \ \text{其中} \ \mu \ \text{为步长, 其中} \ \frac{\partial E}{\partial w_{ij}} = \sum_{k=1}^{N} \frac{\partial E_k}{\partial w_{ij}}$$

BP 神经网络实质上是对任意非线性映射关系的一种逼近, 由于采用的是全局逼近的方法, 所以 BP 神经网络具有较好的泛化能力. 从上面的算法描述可以知道, 目标函数 E 是全体连接权系数 w_{ij}^l 的函数, 所以要寻优的参数 w_{ij}^l 个数比较多, 目标函数 E 是关于连接权的一个非常复杂的超曲面, 这给寻优计算带来很多问题. 其中一个最大的问题是收敛速度慢. 由于待寻优的参数太多, 必然导致收敛速度慢的缺点. 第二个严重缺陷是局部极值问题, 即 E 的超曲面可能存在多个极值点. 按照上面的寻优算法, 它一般收敛到初值附近的局部极值.

BP 网络能够实现输入输出的非线性映射关系, 但是它不依赖于模型,其输入与输出之间的关联信息分布地存储于连接权中. 由于连接权的个数很多,个别神经元的损坏只对输入输出关系有较小的影响,因此 BP 神经网络具有较好的容错性. 因为 BP 网络具有很好的逼近非线性映射的能力,所以它应用于信息处理、图象识别、模型辨识、系统控制等方面. 但是由于 BP 神经网络的一个严重缺陷是收敛速度太慢,影响了网络在很多方面的实际应用,BP 神经网络学习算法需要得到改进.

2. BP 神经网络在非线性畸变校正中的应用

若忽略透镜畸变影响,摄像头成像是基于小孔成像原理的. 从三维物空间到二维像空间是一个投影变换关系. 考虑透镜径向、切向畸变等非线性因素后,这一问题将变成一复杂的非线性方程求解问题. 基于人工神经网络的立体视觉系统就是用三层前向型 BP 网络来模拟物、像对应关系,而畸变、环境因素所带来的非线性误差都将通过网络的学习被分散到各神经元之间的连接权值上,当网络的输出值与学习样本值的均方误差满足系统精度要求时,即可认为学习成功. 对于学成的网络可通过其自回忆功能进行实时的物体三维信息获取工作.

在具体实现当中,选用三层前向型 BP 网络输入矩阵为两摄像机如果考察第二个过程中的非线性变换,其实就是一种从一个两维空间到另外一个两维空间的转换,通过 BP 神经网络的方式来解决是一种合适的选择. 根据具体要求,我们采用了三层 BP 神经网络. 输入层的节点数为 2,隐层的节点数取 5,输出层的节点数为 2. 对输入参数和输出参数都进行了归一化处理. 图 5-8 和图 5-9 分别为由非线性到线性和线性到非线性的转换. 只要知道输入数据和输出数据组. 如果神经网络的基本结构选择得当,那么经过不断的训练(也就是不断地根据一定的训练算法调节神经网络的权值),从而使得整个网络的特性就以一定的精度逼近原来的非线性规则. 采用神经网络来作为非线性变换有一个很大的好处,那就是神经网络是一种所谓"黑箱"操作,这样就不需要对系统特性进行任何假设,只要知道了输入与输

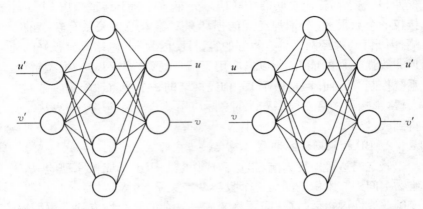

图 5 - 8   由 (u', v') 到 (u, v) 的转换   图 5 - 9   由 (u, v) 到 (u', v') 的转换

出参数对,就能够通过训练来改变权值,系统的特性是通过经过修正后的权值的方式来隐式的提供. 这样就不需要对系统的结构进行任何假设,从而使得问题简化,这对于同时存在正问题和反问题的情况将会更为方便. 只需要根据具体情况,只要建立系统的正参数和反参数就可以了.

在神经网络模型建立以后,下一步需要考虑的就是输入与输出参数的获取. 对于一个给定的测试图案(也就是一系列给定空间位置的点),通过一个摄像头的作用在屏幕上成像点 (u, v) 实际是经过了非线性化的最终结果. 如何获得理想化摄像头的输出结果 (u', v') 则是一个需要考虑的问题. 根据一般的常识可以知道,在接近摄像头中心位置时,摄像头的畸变较小,可以近似看作没有畸变,而当成像点远离中心位置时,畸变比较严重. 如果我们选取靠近中心的点作为无畸变的点来对系统进行标定,求出理想摄像头的内部参数. 再用求得的摄像头的参数,来构建理想摄像头的模型. 用一些已知三维坐标点数据代入该理想摄像头模型,求得的 (u, v) 作为理想摄像头的响应,而这些指定点实际成像位置则作为真实摄像头的输出 (u', v'),这样就得到了一组对于的输入输出对. 以此数据来训练 BP 神经网络的数据,就能够得到系统的实际参数.

回顾在图形仿真一章当中的图形显示的流程,是用摄像机作为显示流程的类比来进行解释.之所以这么做,是由于两者之间有着很多相似性.从本质上说在图形显示的过程当中,其实也是完成一种从三维空间到二维窗口的映射.显示的流程是这样的,第一步知道视图和造型变换,把它们结合起来构成一个 modelview 变换.这个变换将输入的顶点从对象坐标系变换到眼睛坐标.第二步指定投影变换,使对象从眼睛坐标系变换到剪裁坐标系.这个变换定义了一个视图体在视图体外的对象被剪裁掉.第三步通过对坐标值除以 w,执行透视除法,变换到规格化设备坐标.最后通过视口变换将坐标变换到窗口坐标.在摄像头的静态和动态参数都已经确定的情况下,如果我们根据这些参数来设置图形仿真的投影矩阵,并且仿真模型完全根据自然场景中的实物尺寸进行建立,那么我们将能够在虚拟场景当中重现视频摄像头所看到的视觉效果.

在 OpenGL 当中,将三维图象显示到窗口中是通过两个矩阵共同作用来完成的,其一是投影矩阵,还有一个是模型矩阵.在具体实现当中,可以将对摄像头校准以后得到的摄像头参数直接输入给投影矩阵.尽管在标准状况下,OpenGL 只支持两种基本的投影方式,正交投影和透视投影.实际上在内部还内部运算还是采用了矩阵的方式.只是在函数当中提供了关于正交投影和透视投影的专门函数.调用这些函数能够很方便地对投影参数进行设置.但是直接访问这些数据也是可行的.在 OpenGL 当中,可以把任意矩阵加载到投影矩阵、模型视图矩阵或者是纹理矩阵当中.在 OpenGL 当中,一般是采用列优先的方式来进行的,这意味着是先从上到下遍历每一列,这样一个 4×4 矩阵可以表示成矩阵:

$$\begin{bmatrix} a_0 & a_4 & a_8 & a_{12} \\ a_1 & a_5 & a_9 & a_{13} \\ a_2 & a_6 & a_{10} & a_{14} \\ a_3 & a_7 & a_{11} & a_{15} \end{bmatrix} \tag{5-28}$$

这样只需要定义一个 16 元素的数组,按照上面的方式将参数赋予该数组,并通过 glLoadIdentity 将定义好的齐次矩阵加载到当前矩阵就可以了.

在缺省情况下视图变换的摄像头是放于原点的. 但是在实际建模当中,为了建模上的方便,一般情况下几何模型都有自己的一套局部坐标系. 需要将两者统一起来. 为了达到这一目的,一方面可以直接用基本的模型变换矩阵,也就是通过平移和旋转来完成系统的操作,也可以通过特定的函数来完成. 在 OpenGL 当中,还提供了专门的函数来完成这样的操作,其格式为:

gluLookAt(eyex,eyey,eyez,centerx,centery,centerz,upx,upy,upz)

该函数的前三个参数用于定义视点的 x,y,z 方向的坐标;centerx,centery,centerz 被观察的视场中心的 x,y,z 方向坐标;upx,upy,upz 用于指定向上矢量的 x,y,z 方向坐标.

5.4.5 摄像头畸变的标定与校准

摄像头的畸变是非线性过程,如图 5 - 10 所示是一个摄像头拍摄的真实方格图案,本来的图案应该是正方形的小方格,但是由于畸变的存在,使得方格的边线变成了弧形. 右图是经过校准后的图形,经过校准以后,摄像头的非线性畸变被抵消掉了,图象恢复了原来的本来面目.

 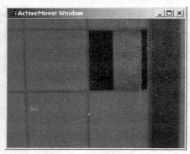

图 5 - 10 畸变的图象与校准后的图象

我们的目的就是要设法使得图形仿真与通过摄像头获取的真实视频窗口显示尽量一致. 为了达到这样的目的,有两种方案可以考虑,一种是"整旧如新",也就是说对摄像头获取的图象进行线性化校准,对畸变进行补偿. 其基本原理框图如图 5-11 所示.

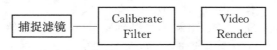

图 5-11　带动有畸变校准的视频显示系统

整个视频显示系统用 Directshow 方式来实现,在标准视频显示滤镜图当中加入了一个视频捕捉滤镜捕获来自摄像头的视频信号,在标准的捕捉、显示滤镜图当中串联了一个自行开发的校准滤镜,该滤镜在摄像头畸变标定完成后,对原始采集到的视频数据进行畸变校准,抵消掉畸变的影响,将图象还原为线性的视频图象. 采用这种方案时,主要是在视频获取与显示部分进行改动. 摄像头的输出已经经过了畸变校准,因此注册所得到的摄像头模型已经就是小孔成像方式的理想摄像头. 而小孔模型与三维模型通过投影显示到投影方式的过程非常相似,可以直接将其作为透视投影的参数,用于图形仿真显示. 这种方法的不利因素是非线性变换必须针对每一个视频帧来进行. 在视频监视当中,为了达到较好的显示效果,要求帧率至少到 15 帧/s(最好能做到 20 帧/s 以上),对这么高速率的视频图象动态处理需要耗费大量的计算机资源,影响了系统的效率. 还有一种方法是所谓"整旧如旧"的方法. 也就是对摄像头摄取的视频信号,不经过任何校正,直接显示出来,由于摄像头的非线性畸变,导致显示的图象也导致畸变. 如果我们能够让图形显示也能够和摄像头有相同的畸变,就能够使得图形和图象具有相近的效果. 这时需要解决的问题是如何使得图形显示产生畸变.

在 OpenGL 显示中,显示一般是线性的,要产生畸变并非易事. 纹理贴图(Texture Mapping)技术也叫纹理映射,它把具有表面纹理的图象贴到物体的表面. 纹理坐标指定了纹理图象中的哪一个纹素应用到物体的顶点上,同两个定点之间颜色的计算一样,纹理坐标在两个顶点间也采用了线性插值的方式. 在这里,几何形体的顶点决定了几何模型显示的性质,而每个顶点的纹理坐标则决定了纹理映射的方式. 如果顶点坐标与纹理坐标是统一的,那么纹理图象是根据线性关系贴到图象上去的. 如果顶点坐标与纹理坐标是一种线性关系,那么纹理是按照一定的比例关系贴到物体表面的,当然纹理具体贴的位置与大小可能会有所不同. 如果纹理坐标和定点坐标是非线性的关系,那么贴在物体表面的纹理也将是一种非线性. 简单地说,纹理分为两种:通过颜色色彩或明暗的变化体现出来的表面细节,这种纹理称为颜色纹理;另一类纹理则是由于不规则的细小凹凸造成的,例如,桔子皮的皱纹和未磨光的凹痕等. 生成颜色纹理的一般方法是在一平面区域(即纹理空间)上预先定义纹理图案,然后建立物体表面的点与纹理空间的点之间的对应(即映射). 当物体表面的可见点确定之后,以纹理空间的对应点的值乘以亮度值,就可以把纹理图案附到物体的表面上. 用类似的方法给物体表面产生凸凹不平的凸包纹理. 不过这时纹理值作用在法线向量上,而不是作用于颜色亮度. 我们在对物体进行非线性变换的时候正是利用了纹理映射的这一特性来实现对于镜头畸变的模拟,其基本思想就是首先先用正常的方式来对场景进行绘制,并且将结果图形拷贝到纹理内存作为纹理来处理. 然后在屏幕上绘制小方格图案,并且根据非线性的关系计算每个顶点所对应的纹理坐标,并用该纹理坐标去控制前面绘制的纹理在贴图时的实际变形情况. 我们先讨论一些规则的变换情况,然后再推广到一般的场合. 为了讨论问题的方便,我们作了以下假设就是窗口的尺寸是对称归一化的尺寸. 其每个方向坐标的有效值是$[0, 1]$,屏幕左上角的坐标为$(0, 0)$,右下角的坐标为$(1, 1)$,中点的坐标是$(0.5, 0.5)$. 它们与图象的实际坐标有简单的线性对应关系,应该不会影响对问题的讨论. 为了能够说明问题,我们采用了如图 5 - 12 所示的方格图形作为输入的标准图形. 设空间上的某一点的原始坐标为(x, y),而经过映射后的纹理坐标为(x_{new}, y_{new}),则原始坐标到

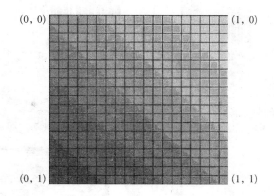

图 5 - 12   原始测试网格图象

纹理坐标的映射为 $x_{new} = f(x)$，$y_{new} = g(y)$. 在一般情况下，我们还假设了在 x 方向和 y 方向的变换是相同的，这样就可以用一个参数方程来表示它们的对应关系：$s = f(t)$，$x_{new} = f(x)$，$y_{new} = f(y)$.

对于线性变换的情况，变换函数可以表示为

$$f(s) = at + b \qquad (5-29)$$

可以分几种情况来讨论：

a）$a = 1$，$b = 0$，相当于是 $x_{new} = x$，$y_{new} = y$. 映射后的网格就是原始图象，也就是说相当于把照片原封不动的贴到显示区域当中.

b）当 $a \neq 1$，$b = 0$ 时，映射后的图象按照一定的比例系数进行了缩放.

c）当 $a = 1$，$b \neq 1$ 时，映射后的图象就是原始图象，只是在原来的基础上产生了一个偏移量.

d）当 $a \neq 1$，$b \neq 1$ 时，纹理图象既进行了缩放又进行了平移.

e）对于非线性的函数也有类似的情况，例如对于反正弦函数，其函数关系为：

$$s = f(t) = \frac{\arcsin t}{\frac{\pi}{2}} \qquad (5-30)$$

$$\begin{cases} x_{\text{new}} = \dfrac{\arcsin x_{\text{old}}}{\dfrac{\pi}{2}} \\[3mm] y_{\text{new}} = \dfrac{\arcsin y_{\text{old}}}{\dfrac{\pi}{2}} \end{cases} \qquad (5-31)$$

函数曲线如图 5–13 所示. 网格的畸变图如图 5–14 所示.

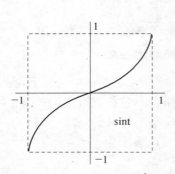

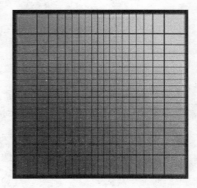

图 5–13 反正弦函数 $s = \dfrac{\arcsin t}{\dfrac{\pi}{2}}$ 曲线图

图 5–14 反正弦函数下的
网格畸变图

以上系统的畸变函数是用一种显式的函数来表示的,对于隐函数的情况仍然成立. 畸变的本质也就是完成了一种从一个归一化的二维空间向另一个归一化的二维空间的转换. 其基本功能是在显示区域内由一个 5×5 大小的网格组成一个网状结构,其中的 glVertex3f 语句用于产生小方格的各个顶点,而 Transform 函数是程序中自定义的一个处理函数,它的主要功能是根据网格顶点坐标计算纹理坐标. 实现该功能的基本原理是在后台按照通常显示流程那样绘制场景,然后读取后台缓冲区中的显示内容,并将其作为纹理图象保存起来. 绘制一个与所显示窗口同大小的网状结构,该结构与所显示的窗口大小相同,由一个个规则的小方格组成,在以一定的对应关系计算方格的节点的同时,根据非线性关系计算各个节点所对应的纹理坐标,将纹理图形根据纹理坐标贴到网状结构当中,从而完成对显示场景的非线性畸变处理.

5.5　摄像头标定在机器人远程控制中的应用

在机器人远程监控中,与一般的增强现实有所不同,一是用户所使用的现实设备不是头盔,而是支持立体现实功能的专业级投影仪或者是显示器.二是操作者不是在远端的工作现场,而是处在远端.其目的是要了解工作现场的真实情况,而不是一个虚拟场景.而在远端摄像头的视点一般是不会动的,即使动也会比较缓慢或者是在几个固定视点之间切换,远没有在增强现实当中是将摄像头戴在头盔上或通过头盔观察口时所导致的视点变换来得大.

加拿大的多伦多大学将增强现实技术应用到机器人的遥操作当中[84],他们的基本方法是将通过摄像机获得的立体视频与图形仿真生成的线框方式显示的机器人轮廓进行叠加,也就是说在初始状态下真实的机器人模型,与以线框方式显示的机器人模型是重合的.当要对机器人进行操纵时,可以先把机器人指令发给机器人仿真器,由仿真器先运行模拟,这时会导致附着在真实机器人图象上的机器人线框模型进行运动,这样就能够看到机器人实际运行的趋势,通过图形的方式模拟出机器人会如何运动,调试通过再控制真正的机器人完成相应的动作,在机器人真实运动完成以后,又会与仿真的线框模型重合.

实现中没有采用一般的增强现实那样将视频监控数据与三维图象仿真方式叠加的方式,也没有采用如多伦多大学那样将视频图象当中的机器人边缘信息提取出来,根据其姿态信息,经仿真模型叠加于其上进行虚实结合的方法.因为我们认为采用线框钩边的方式真实感不是很强,也不是很容易准确定位.我们采用了所谓替身运动的方式,开两个大小完全相同的窗口,分别显示真实视频和仿真模型.由于机器人的几何模型是根据真实的机器人精确建模的,投影矩阵又针对真实摄像头进行标定,并且考虑了非线性畸变的因素,摄像头和机器人之间的相对位置也是已知的,这样通过图形仿真得到的显示窗口就能够和视频监控摄像头所获取的图象数据完全匹配. 而是采用了将视频和图形分别显示在两个相邻窗口的办法. 利用特定参照物来对摄像头进行标定, 并进而求出两个摄像头的投影矩阵. 在图形仿真当中分别用这两个计算出来的矩阵作为图形仿真的投影矩阵, 就能够在图形仿真窗口当中获得几乎可以乱真的图形仿真图形. 其视觉特性与实际视频监视窗口看到的机器人基本相同, 因为它们的基本投影参数和立体投影参数都是相同的, 在这种情况下, 图形仿真下的虚拟机器人可以看做是真实机器人的替身. 在初始状态下, 视频窗口与图形仿真窗口姿态完全相同, 当图形仿真可以根据机器人仿真指令运动, 其进行的动作相当于将来真实机器人运动的一个预演. 在代码修改完毕以后, 实际的机器人运动效果与预先仿真所得到的结果相同. 系统的原理框图如图 5-15 所示.

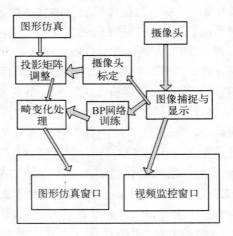

图 5-15　图形仿真与视频监控系统原理图

5.6　小结

本论文将摄像头的标定分解成静态参数的标定和动态参数的标

定两个阶段,对摄像头静态参数的标定又分解为理想摄像头的标定和摄像头非线性的标定两个阶段. 采用任务分解的方法,使得每一步骤相对简化. 对摄像头的畸变采用了基于 BP 神经网络的非线性校正算法. 与一般对摄像头的校正都是将摄像头的非线性经过某种非线性变换使得其线性化不同,我们采用的方案是一种"整旧如旧"也就是将本来是线性的图形,经过非线性处理,使之模拟出摄像头的畸变效果,这样就能够使得仿真画面与摄像头监控的实际工作画面尽可能匹配,从而达到一种类似增强现实的效果.

第六章 立体显示的实现

6.1 立体视觉及其计算

人在观察三维场景时由于两个眼睛所处的位置的不同而产生不同的景象,这一现象被称为视差. 正是由于双眼视差的存在,左右眼图象被送大脑分析后就产生了立体视觉,也就是产生了深度感. 有了深度感就能够更好地把握物体在三维空间的位置与相互关系. 要想产生立体视觉,就必须设法使左右眼能够分别看到符合立体视觉规律的视差图象. 这里所说的立体视觉规律是指符合一般常规的图象,一般情况下,两幅图象应该显示相关场景,其尺寸、亮度、对比度、色饱和度等应相同(至少不应偏差过大),视觉偏移也应控制在一定范围内,否则轻则会使真实感下降,重则会产生头晕呕吐等副作用,甚至对视觉产生影响. 另外不同的人对视差的耐受力是不一样的. 一般统计上有一个公认的参数,并可根据不同的需要在一定范围内调节.

在显示立体图象的时候,一般将显示区域分成三个,在 CRT 显示器里面或者在投影屏幕表面之后的区域,被称为 CRT 空间,有负视差的立体图象将会感觉好像是出现在 CRT 空间中;于显示屏幕表面和观察者之间的区域被称为观察者空间. 有正视差的立体图象将会出现在观察者空间中. 左右眼投影的间距被称为水平视差.

如图 6-1 所示,当物体是在投影平面的后面,也就是在 CRT 空间. 如图中 A 点所示. 左眼的投影(A_{left})是在左边,而右眼的投影(A_{right})是在右边,视差是正的. 在 CRT 空间内的物体向远离 CRT 的方向运动时,其负视差将逐步增大. 而达到无穷远时,会出现最大的正视差,在该点上水平视差等于瞳孔间距离.

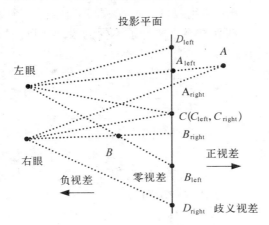

图 6-1　立体投影显示示意图

如物体是在投影屏幕的前面,也就是在观察者空间,如图中的 B 点所示.对应左右眼的投影为 B_{left},B_{right}.它被称为负视差.当物体移近观察者的时候,负视差将会逐步增加,并在靠近人脸平面时趋近于无穷大.

当物体在投影平面上时,如图中的 C 点时,所对应的左右眼投影是重合的,并且就在该点,也就是说 C 和 C_{left},C_{right} 三点是重合的,此时的水平视差是 0.所以投影视差又被称为零视差点.该平面也被称为零视差设置(ZPS, Zero Parallax Setting).

还有一种视差是所谓的歧义视差.它是一种正视差,但与前面的正视差不同,就是左右两个图象的间距比两眼的间距要大一些.如图中的 D 点,而视线与屏幕的交点分别为 D_{left},D_{right}.显然,同一个点的左右眼的视线不可能有交点,在现实生活中不可能碰到,但却可以用计算机图形显示的办法来实现.为了融合这两幅非正常图象而需要使肌肉调节显然会使人感到很不舒服.显然应该在计算机立体显示中尽量避免这样的情况出现.

进行立体显示的本质就是要计算左右眼的透视域,然后在进行立体显示的时候分别采用各自的透视域,并绘制同一个场景,这样同一个场景在不同的视图中就拥有了不同的投影矩阵. 计算透视的方法有两种,离轴投影和同轴投影两者在数学上是等同的,但是在计算机算法上略微有点不同. 这两种方法可以归纳为离轴投影是假设成一线的投影中心,右眼投影中心的投影用以产生右眼视域,而左眼投影中心的投影产生左眼视域. 其基本思路是先确定一个非立体透视域的投影中心,得到一个基准投影矩阵. 而左右两个投影矩阵可以看作是在该基准投影矩阵的基础上中心点在 x 轴上向着相反方向发生了平移操作. 假设投影基准中心点的坐标为 $(0, 0, -d)$,则对于空间任意点 $P = (x, y, z)$ 在投影平面的投影 (x_p, y_p)

则
$$x_p = \frac{x \cdot d}{d + z}, \ y_p = \frac{y \cdot d}{d + z} \tag{6-1}$$

假设左右中心点分别是 $(e/2, 0, -d)$, $(-e/2, 0, -d)$. 其中 e 为两个中心的水平间距. 则对于一个任意点 p 而言,左眼视域点 P 的投影值是:

$$x_{pl} = \frac{x \cdot d - z \cdot e/2}{d + z}, \ y_{pl} = \frac{y \cdot d}{d + z} \tag{6-2}$$

右眼视域点 p 的投影值是:

$$x_{pr} = \frac{x \cdot d + z \cdot e/2}{d + z}, \ y_{pr} = \frac{y \cdot d}{d + z} \tag{6-3}$$

与离轴投影不同,同轴投影是通过水平一定数据得到同一套投影点. 它使用标准投影中心,通过平移视点来获得与离轴投影相同的左右投影矩阵. 式 $(6-2)$,$(6-3)$ 经过变换后可以写成:

$$x_{pl} = d \cdot \frac{x + e/2}{d + z} - e/2, \ y_{pl} = \frac{y \cdot d}{d + z} \tag{6-4}$$

$$x_{pr} = d \cdot \frac{x - e/2}{d + z} + d/2, \ y_{pr} = \frac{y \cdot d}{d + z} \tag{6-5}$$

这两种方法在数学上是一致的,只是在实现的过程上有所不同.轴上投影只需在 x 方向上进行两次平移变换,因而会丢失一些信息,使得视野缩小,但因其采用的是标准投影,从硬件上实现起来比较容易,而离轴投影只能采用软件来实现,因此总体的效率上来看,轴上投影效果较好.左右投影中心水平距离的选取,关系到立体显示效果的好坏.e 值的选取与很多因素有关,例如物体的颜色,在屏幕当中的位置,观察者自己的视觉系统和经验,观察者到投影屏幕的垂直距离等等.

对于特定的 e 值,水平视差依赖于目标到投影屏幕的垂直距离 d,水平视差 p 可计算如下:

$$P = x_r - x_l = e \cdot (l - d/(d+z)) \qquad (6-6)$$

经过变换后可得:$e = P/(l - d/(d+z))$ $\qquad (6-7)$

当水平视差 P 和目标到投影屏的垂直距离给定后,可以定义图中的 β 为水平视角,则 P 与 β 有如下关系:

$$P = 2d \cdot \mathrm{tg}(\beta/2) \qquad (6-8)$$

将式(6-8)代入(6-7)可得:

$$e = 2d \cdot \mathrm{tg}(\beta/2)/((l-d)/(d+z)) \qquad (6-9)$$

在 d 一定的情况下,只要给定一个水平视角就可以确定出相应的 e 值.目前公认的最大水平视角为 $1.6°$ 是较为合适的最大水平夹角.

根据以上推导,实际上是给出了调整立体视差的基本公式.对于图形仿真的立体显示,由于其投影变换矩阵可以由用户来设定,因此直接根据上述公式计算出最佳的投影矩阵以及视差就可以了,而对于立体视频的情况,由于立体图象来源于两个摄像头的间距以及摄像头的内部参数所决定,如果摄像头的参数固定,两个摄像头的相对位置也固定的话,其等效的投影矩阵也就固定了.因此对于立体视频的情况,需要通过调节摄像头的焦距和两个摄像头的相对位置来获取比较好的立体显示信息.

6.2 立体显示的基本模式

立体图产生的基本过程是同一个场景分别绘制出两幅对应于左右双眼的不同图象. 光有两幅具有时差的图象还不够, 还必须分别让两个眼睛看到各自对应的图象. 实现立体显示有很多种方法, 从大类上分大体上可以分为: 同步显示和异步显示两大类. 主要是从左右两幅图象显示的顺序关系来考虑. 在同步显示方式下, 左右眼所看到的视频数据是同时在两个显示器中, 最简单的实例是头盔(HMD), 它由两个小液晶屏构成, 分别显示左右眼图象. 其特点是立体沉浸感较好, 但头盔价格较高, 并且一个头盔只能给一个用户观看. 还有一个缺点是头盔需要两路视频输出. 还有一个同步立体显示的例子是基于偏振片的被动立体显示, 用两台加有偏振片投影仪同时投影到屏幕上, 并用偏振眼镜来观察. 其优点是偏振眼镜的成本较低, 这样适用于很多人同时观看, 但需要两个投影仪来完成显示, 两套视频输出设备. 异步立体显示方式, 是将左右两幅立体图象, 交替显示在一个屏幕当中, 为了让左右眼能分别看到需要看到的图象而又不看到不需要看到的图象, 就要采用某种同步机制, 使左眼图象显示时, 遮住右眼, 光让左眼看到, 而当右眼图象显示时遮住左眼, 光让右眼看到. 这可以通过液晶眼镜来做到. 液晶眼镜利用了液晶在受到电场作用折射率发生改变的特性. 通过同步信号的作用, 使两个液晶片分别在透明和不透明之间转换, 从而达到相应的图象只让相应的眼睛看到的目的. 液晶眼镜的成本与偏振片眼镜相比成本要高一些, 但只要一套显示装置(而且 CRT 显示器也可以). 一般认为, 液晶眼镜在观看者不是很多(约几十人)的情况下还是很经济的, 如果观看人数较多的话, 则采用偏振眼镜方式将是一个合适的选择. 为了产生质量较好的显示, 一般认为单屏图象的刷新频率应不低于 50 Hz, 对交替显示的立体图象而言, 此频率应加倍而达到 100 Hz, 否则就会有闪烁感,长期观看较易疲劳,在实际使用中,常采用 110 Hz、120 Hz 以期达到更好的观察效果.这无疑对显示器或投影仪提出了更高的要求.

对于采用异步立体方式的具体实现当中,立体显示模式又可分为以下三种模式:上下方式(above-below 方式)、页面交换方式和 OpenGL 四缓存立体方式.上下方式将整个显示缓冲区分为上下两部分,在显示时显示区域的一半为左眼图象而另一半为右眼图象.这样所显示的区域只有整个屏幕的一半,如果将信号直接输出到显示器将会出现上下或左右两幅相似的图象.在实际输出时通过采用垂直或水平扫描倍频电路使垂直或水平扫描同步信号加倍,这样就会使上下或左右两幅图象分别交替满屏显示在屏幕上,通过与液晶眼镜配合就能看到立体的图象了.其好处是对显示卡没有特殊的要求,垂直刷新率可以比较低(50~60 Hz 即可),对软件编程也没有什么特殊的要求,只要在显卡的场同步与显示器之间串入倍频器即可,其缺点是需要专用的倍频器,增加了成本,同时会使水平分辨率降低一半.页面交互方式实际上也需要显示卡硬件和驱动程序与软件的配合,实际是将两幅图象分别贴到缓冲区当中,然后通过硬件的办法快速交替显示出来.现在一些比较好的显示卡已经开始支持,一般多用于游戏.在 PC 平台下主要是有 Scitech 公司的 SciSDK(支持一些公司和品牌的显示卡)和 Nvidia 公司的 Nvstereo(支持以该公司为主芯片的大部分显示卡).四缓存立体方式,是比较正规的立体显示实现方式,效果比较好,通常是在工作站及专业级的显卡上才予以支持.

6.3 在 PC 和 Windows 平台下立体显示的实现

6.3.1 立体显示实现方案的比较

我们所考虑的是基于 PC 平台的解决方案,下面就对在 PC 平台上的几种解决方案进行一下比较:由于上下方式的立体显示需要专用的扫描加倍器,而且垂直方向的分辨率会减半,因此我们没有采用;在页面交换方式的实现当中,Scitech 公司所提供的 SciSDK 功能比较完善,可以支持多种图形卡,与也能够支持窗口立体模式,但是推出能够适用于多种显示芯片组的支持立体显示的图形开发包在具体实现当中,我们采用了基于 OpenGL 的方案,这主要基于在图形仿真开发的平台以及仿真系统开发所积累的经验. 对于 NvStereo 也进行了相应的研究,已经实现了视频的立体显示,但是相对来说,由于SDK 的问题,只能实现全屏幕的立体显示,而输入图象的分辨率只有320×240,在观察时会让人感觉到图象比较粗糙. 还有一个问题是无法与采用 OpenGL 实现的图形仿真程序很好的共存. 另外从 SDK 的可靠性上来说也还有一些不足,系统的可靠性还有待进一步提高. 基于类似的原因,也没有采用 Scitech 实现方案.

近期很多比较新的显示卡都能够支持, Nvidia 为自己的显示芯片组提供了自己的解决方案,通过基于 DirectDraw 和 Direct3D 的驱动程序,Nvidia 能够让自己产品线上很大一部分显示卡支持立体显示功能,能够使得一些支持立体显示的游戏产生立体效果, Nvidia 还提供了自己的二次开发工具,可以开发立体显示的应用.

6.3.2 基于 OpenGL 的立体显示的实现

立体显示的基本流程如图 6－2 所示. 在基于立体的 OpenGL 实现当中,支持立体显示缓存的图形卡能够同时支持左和右眼图形缓存. 这意味着,与标准的双缓存结合(图形被绘制到"后台缓存"并在整个绘制完成时被交换到"前台缓存"),该图形卡将在立体显示模式下维持四个缓存. 由于立体缓存额外的显示内存,而且为了显示立体图形还需要明显增加系统的开销,图形卡在缺省时一般不被设置为立体模式,为了使得立体显示功能起作用,一般需要调整显示设置以使能立体模式. 进入立体模式以后,用 OpenGL 进行立体显示一般需如下步骤:

glDrawBuffer()函数允许指定后续的 OpenGL 绘制或者渲染将

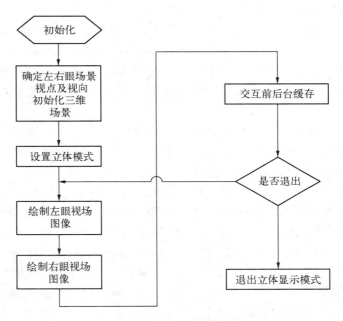

图 6–2 立体显示的流程图

会被重定向到那里. 在通常的非立体双缓存 OpenGL 中,你将通常绘制到后台缓存(glDrawBuffer(GL_BACK);)然后执行交换缓存命令"back buffer". 与此相似,在立体显示中也是采用了类似的机制,不同之处仅在于由于要同时显示左右两个视图,这样共需要四个视频缓存. 其基本过程也是先向后台缓存写入待显示的数据,所不同的是,由于有两个缓存区,因此需要通过 glDrawBuffer(GL_LEFT_BACK)和 glDrawBuff(GL_RIGHT_BACK)来决定到底是向哪个后台缓冲区进行写入. 指定了缓冲区以后就可以利用 OpenGL 指令来为左右视图指定不同的投影矩阵,然后调用相应的 OpenGL 绘图指令在不同的视图中绘制立体图形. 有一点需要予以说明,在立体图形显示中,左右两个视图实际上几何场景是相同的,只是左右视图相对应的投影矩阵不同. 而在立体视频(图象)显示中实质上是简单地把两幅照片动态地贴到左右后台缓存当中. 由于两幅照片是由两个摄像头摄制,本身已经包含了视差数据,一般左右缓存就不再采用不同的透视投影矩阵以产生视差. 而是采用了简单的三维或者两维正交投影. 绘制在缓存中的左右立体图象对,通过调用 swap_buffer 指令来交换前后缓冲区的位置. 从而把在两个后台缓存中写好的图形数据显示出来.

视频与图形显示本质上是相同的,都是将三维场景通过一定的投影变换投影到二维显示平面上进行显示. 在图形显示当中,一般是给定三维几何模型,然后再设定投影变换矩阵,接着进行显示. 在视频当中,不需要三维模型,所要显示的对象来源于工作现场,也不需要给定投影矩阵,等效的投影矩阵实际是由镜头/摄像头以及摄像头与场景之间的相对位置来决定. 对于立体显示的情形,情况也是类似的. 立体图形显示是人为的定义左右两个投影矩阵,这两个投影矩阵几乎完全相同,只是相差了一个水平偏移量. 而在立体视频显示当中,则是通过两个摄像头来获取图象的,这两个摄像头的光学性能要近似完全一致,只是在安放位置上水平差了一个偏移量并且两者的主光轴也应该保持平行.

1. 图象的立体显示

在 OpenGL 中,将静止的照片显示到窗口当中,有两种方法,一是采用 glDrawPixel 的方式将图象显示到相应的窗口当中,这种方法实际是将图象的位图映射到相应的 OpenGL 显示窗口缓冲区当中,这种方式执行起来速度比较快,但是不利因素是在显示过程当中无法对图象进行比例变换. 还有一种方法是采用纹理映射的方法,将照片作为纹理映射贴到某个表面当中. 如果该表面与原图象尺寸相同,则图象将会被等大的显示,如果纹理图象与所贴表面不同,则作为纹理贴到某一表面上的照片就会发生缩放或者是变形. 后者无疑灵活性比较大,但是与前者相比,需要消耗更多的系统资源,执行效率比较低. 在具体实现当中,我们采用了 Drawpixel 的方式直接将位图数据贴到显示窗口当中. 如图 6-3 所示为两幅立体照片在屏幕上显示的效果图,两幅图象被交替显示在屏幕上,如果佩戴立体眼镜观察,左眼只能看到左图象,而右眼只能看到右图象,两幅图象在大脑中合成立体图象.如果不戴立体眼镜,左右眼将同时看到左右两幅图象,由于存在视差,彼此在水平方向有一个小的偏移,将会看到一幅模糊的图象.对于视频来说,可以看作是一幅幅静止的照片连续不断地播放,其实现的原理与静止图片的显示类似,只是数据不是直接获取自文件,而是通过某种机制从摄像头或者其他的动态数据源来获取.

图 6-3   立体视频显示窗口

2. 图形仿真的立体显示

但是左右眼之间进行了平移,这实际上通过改变相应的投影矩阵来实现的.但是,仅仅进行平移是不够的,其原因在于,如果只是对左右眼的投影矩阵进行平移的话,实际上其平截锥将是对称投影映射,尽管在几何上是正确的,但是左右两幅立体图象将没有办法使得视口的左右边界一致.为了能够解决上述问题,引入了非对称因子.在单目显示中,物体的透视投影可以用下式来表示:

void glFrustum (GLdouble left, GLdouble right, GLdouble bottom, GLdouble tom, GLdouble near, GLdouble far)

而在立体显示中,可以用下式进行表示:

void glFrustum（GLdouble left ＋ FrustumAsymmetry, GLdouble right ＋ Frustum Asymmetry, GLdouble bottom, GLdouble tom, GLdouble near, GLdouble far）

其中 left, right, top, bottom 为原来的对称投影因子,而 Frustum Asymmetry 为非对称性的调整因子,对于左图象的投影,Frustum Asymmetry 取正;而对于右图象的投影,FrustumAsymmetry 取负. 图 6－4 为立体显示状态下的机器人图形仿真窗口.

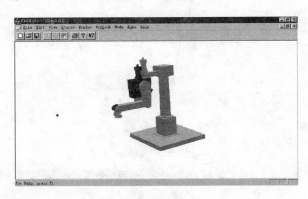

图 6－4　立体显示模式下的图形仿真窗口

6.4　立体视频监控的实现

进行立体视频的监控显示,有一些问题需要解决,一是立体视频图象的获取问题,二是立体图象的同步调节问题,三是立体图象的传输问题,四是立体图象的显示问题.

立体图象的获取,主要是要能够同时捕捉两个摄像头的视频数据. 大部分视频捕捉卡也不支持一机多卡的功能,也就是说在一台计算机上只能安装一块该类型的捕捉卡,而有一些品牌的视频捕捉卡为了支持多摄像头同时监控提供了一机多卡的功能,为了便于开发,还提供了自己的 SDK,能够更好地完成捕捉和对视频的参数进行调节,也能够将不同捕捉卡获取的视频数据实时在不同的窗口中予以显示.因此采用两个模拟摄像头加捕捉卡的方案,应该是可行的.

6.4.1 立体图象的获取

立体图象的获取,需要同时捕捉两个摄像头的视频数据.USB 摄像头一般都是为单摄像头工作的,驱动程序上并没有考虑两个摄像头同时工作的情况,另外在镜头的选择和具体成像质量以及数据带宽等方面,USB 摄像头也有一些不足之处.模拟摄像头＋视频捕捉卡的方案,是一种比较经典的方案.一般的视频捕捉卡由于驱动程序的限制也不支持一机多卡的功能,无法适应立体图象数据捕捉的要求,但有一些用于视频监控的捕捉卡,为了满足多路视频监控的要求,允许插入多个视频捕捉卡,同时监控多个视频数据,更有很多捕捉卡将4 个或者是 8 路视频通道的捕捉功能组合到一块视频捕捉卡当中来完成,用它来完成立体视频的捕捉是非常合适的.在具体实现当中,我们采用了两个 GANZ LCH-P49A 彩色摄像头,该摄像头分辨率为400 线,可手动变焦,变焦范围为:4～9 mm.如图 6-5 为用于立体视频监控的摄像装置图.两个摄像头通过特制的支架固定到三角架上,两摄像头的间距可以自由调节.视频捕捉卡采用了天敏公司的10Moons 2000SDK 图象捕捉卡,该型号的捕捉卡支持一机多卡,还提供了自己的SDK,通过 SDK 能够更好地对捕捉卡的参数进行细致的调节,也能够完成单屏和动态视频流的压缩与捕捉.该卡的驱动程序还提供对 Video for Windows 和 Directshow 的支持,可以将该卡作为标准的视频设备来访问.

图 6-5 立体视频摄像装置图

6.4.2　立体摄像头的校准

在立体显示中首先必须解决摄像头的校准问题. 因为立体视频中视差是靠摄像头放置的位置来决定的,有立体显示原来来看,要想获得较为舒适的显示效果,必须要使得左右眼看到的图象除了视差以外,其他显示参数必须尽可能一致,例如两个摄像头的焦距,景深,亮度,对比度,色饱和度,色调以及 Gamma 特性等等. 而且这一特性应该是动态的,而不仅仅是静态的. 基于这样的考虑,两个摄像头和两路视频捕捉卡应该采用相同或者相近型号的,由于结构和制造工艺基本相同它们的特性也基本一致. 但是由于产品的离散性,要完全一致还是有一定困难的,需要进行校准. 还有一个问题是如果两个摄像头的镜头不是固定镜头而是变焦镜头,那么就必须考虑在一个摄像头的物镜镜头焦距发生变化的同时使得另外一个摄像头的摄像镜头焦距同步的发生变化.

校准的内容是多方面的,根据具体的实践与研究,我们采用了如下的步骤来完成校准:首先校准系统的光学特性,主要解决立体图形对的焦距与尺寸问题. 然后校准系统的黑白电平平衡,然后是两个摄像头的色度、色调、灰度等特性. 在具体应用中往往整个系统并没有那么复杂的调节功能. 很多摄像头采用了自动白平衡,这时候只能调节自动白平衡的偏移量了. 其他细微的差别还可以通过调节图象捕捉卡的相应参数而进一步得到补偿. 接下来调整捕捉卡的基本参数. 由于捕捉卡中看到的图象实际上是由光学系统、CCD 摄像头以及图象捕捉卡等多方面共同作用来完成,因此单纯的将两个捕捉卡的性能调整到一样并没有什么大的意义,我们所关心的是把通过两个光学系统所成的图象基本调节到基本相同. 在具体调节中. 到最后一步实际上是对系统进行总体的调节. 由于光学系统、CCD 系统已经调节得差不多了,这时要通过调节视频捕捉卡的参数来使得系统的参数尽量一致.

让分别连接与图象捕捉卡的摄像头分别对准同一个测试图象摄制测

试照片,然后对其进行直方图的比对,并分别对各个视频参数进行微调.
其直方图如图 6-6 和图 6-7 所示. 由图中可以看出两者基本吻合.

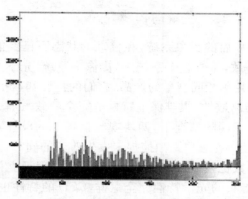

图 6-6　左摄像头灰度直方图

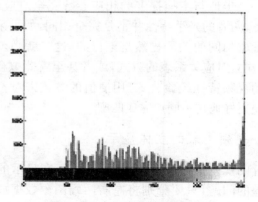

图 6-7　右摄像头灰度直方图

　　在基本视频参数都调节好以后,就要将摄像头安装到立体显示的
安装支架上,并细致地调节摄像头的位置和姿态,使得两个摄像头满足
水平方向视差的要求. 有一点需要予以注意,那就是摄像头镜头之间的
视差并不就等于视网膜看到图象的像差. 实际上是经过了摄像头的光
学系统作用以后的视差. 对于变焦系统而言,一般是由镜头组构成的,

但是总可以对其进行简化,将其看做是一个变焦距的透镜,相当于电路中集总元件的概念. 这样对于问题的分析就比较方便了.

6.4.3　捕捉卡参数的同步调节

经过校准以后的图象系统,在校准的状态下已经能够使得系统的参数基本一致,尽管整个系统中,摄像头系统、光学系统以及图象捕捉卡等都采用了相同型号的产品,它们的特性基本相同,但是实际上由于系统的离散性,很难保证特性的完全一致. 也就是说,在视频感官质量基本相同的情况下,两块视频捕捉卡的设置并不一定会完全相同,为了使得在一块视频捕捉卡发生改变的同时,另一块视频捕捉卡的视频参数也发生相应的改变,这样才能保证立体图象的对称性. 如果两摄像头的光学特性完全一样,CCD 的特性也一样,而捕捉卡的特性也完全一样,那么当主捕捉卡的视频参数改变时,只要把从捕捉卡的参数同步地与主捕捉卡的相应参数完全对应就可以了. 但是一般情况下,两者的光学特性并不是完全相同,如果采用将两者的参数完全设置成相同的关系显然是不行的,这时就必须采用对个别点进行校准,建立对应关系表的方式,或者甚至就此拟合出两块显示捕捉卡对应的视频特性经验公式,用插值的方式来对不同点的参数进行拟合以便更好地在不同点完成匹配.

6.4.4　视频图象的立体显示

立体照片的视差是在拍摄的时候产生了,在显示的时候并不需要再考虑视差的问题,只要分别将左右两幅图象数据放到各自的视频缓冲去,就可以了. 动态视频的立体显示也采用了与静态图象的立体显示类似的方法. 在具体的实现当中,为了能够很好地获取图象数据,采用了标准的 Directshow 技术. 一般与 Directshow 滤镜来获取视频数据,可以采用两种方法,其一是采用滤镜的方式,也就是说编写一个滤镜,采用遵循 Directshow 规范的视频接口. 由于生成的是.ax 文件,为标准的 ActiveX 控件. 通过 Directshow 的 Filter Graph 可以直接作为模块调用. 还有一种办法是不生成滤镜,而是作为做成一个应用程序的形式. 设法与 Directshow 相应的数据流建立接口. 为了进行数据流的采集,DirectShow 提供了样本捕捉滤镜(Sample Grabber Filter). 把这个滤镜加入到滤镜图中,当数据流从这个滤镜经过时,就可以把数据缓存下来.

操作的主要的流程是:

1) 创建 Sample Grabber Filter,并将它加入到 Filter Graph 中,与视频捕捉设备连接.

2) 设置捕捉的数据流的格式,包括捕捉类型和数据格式.

3) 填写回调函数进行数据的处理.

为了实现立体显示,需要将捕获到的每帧图象数据拷贝到特定缓存区(左眼图象数据+右眼图象数据). 出于这种考虑,我们需要编写自己的 Sample Grabber 类 CSampleGrabberCB 来进行数据的处理,类的声明如下:

```
class CSampleGrabberCB: public ISampleGrabber{
    public:
        //构造函数
        CSampleGrabberCB( );
        //COM 规范接口
        STDMETHODIMP_(ULONG) AddRef() {return 2;}
        STDMETHODIMP_(ULONG) Release() {return 1;}
        STDMETHODIMP QueryInterface(REFIID riid, void ** ppv);
        //帧数据处理函数(回调函数)
        STDMETHODIMP SampleCB (double SampleTime,
IMediaSample * pSample);
        STDMETHODIMP BufferCB (double dblSampleTime,
BYTE * pBuffer, long lBufferSize);
        ......
}
```

　　由于一般的渲染滤镜都只能显示单视图的视频. 为了实现实时
的立体视频显示,必须将滤镜图中通常的渲染滤镜(Render Filter)去
掉,也就是将 Sample Grabber Filter 直接连接到 Null Renderer 上,这
样避免了的无用 Render 操作带来的效率降低. 作为独立应用程序存
在的立体显示程序能够动态地读取这一段缓冲区,从而把立体显示
程序给显示出来. 其基本原理图如图 6-8 所示. 还有一种方法是开
发出用于显示立体图象的渲染滤镜. 采用这种方法必须对
Directshow 的内部运行机制有深入的了解,好处是开发出来的滤镜
具有非常好的重用性. 其基本原理图如图 6-9 所示. 立体显示滤镜
为独立开发,它是一个 Renderer 滤镜. 与标准的 Renderer 滤镜只有
一个输入端不同,它有两个输入端,能够分别接受来自两个视频源
的视频流. 然后在屏幕上通过交替的方式显示出来.

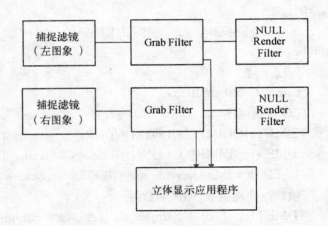

图 6-8　基于数据截获的立体图象显示原理

　　在具体实现当中,我们采用了方法一的方案,主要是考虑到实现
起来相对容易一些,因为这样的话 OpenGL 是作为一个单独的程序
在运行.

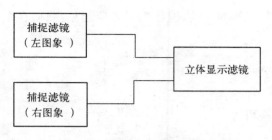

图 6-9　图象立体显示滤镜原理图

6.5　立体视差的调节与优化

　　人产生真实的立体感觉从本质上说是因为左右两个眼睛看到的图象是不同的,确切地说是由于外部场景通过人的双眼所组成的复杂的光学系统后在视网膜上的成像差异造成了视觉感受. 在视频监控当中,一般通过摄像头来获取图象信息,为了能够模拟人的双眼来获取图象,就必须采用两个摄像头. 摄像头所成的像是经过了摄像头的光学系统以后在光靶上所成的像. 它与人眼睛实际看到的图象一般来说并不是完全对应的. 我们将摄像头摄取图象到显示到屏幕上的过程分解成两个阶段,一个是摄像头获取图象并将结果存放到视频缓冲区当中的过程,再有一个过程就是视频缓冲区当中的视频数据被送到屏幕上显示.

6.5.1　摄像头成像与归一化尺寸

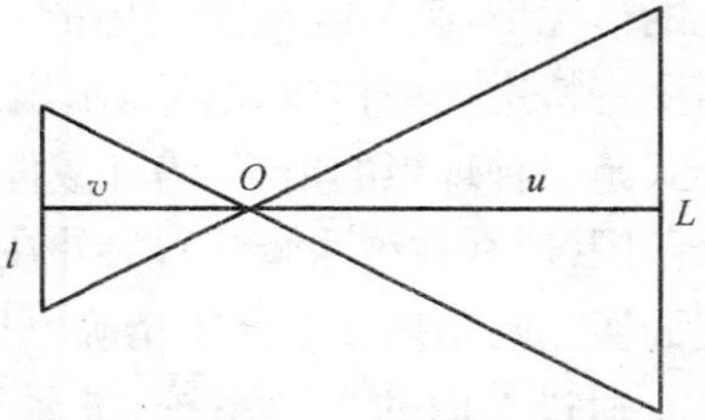

　　假设某一个镜头放于镜头前,在光靶上成像,物体的长度为 L,而在光靶上成像的像长为 l,物距为 u,而像距为 v,其示意图如图

图 6-10　小孔模型摄像头成像示意图

6-10 所示(实际成像所考虑的是二维的,由于一般情况下镜头在两个

坐标方向上是线性变化的,因此为了方便起见,我们在图中只画出了
一维的情况).

由成像公式:
$$\frac{1}{u} + \frac{1}{v} = \frac{1}{f} \qquad (6-10)$$

经过变换可得:
$$v = \frac{fu}{u-f} \qquad (6-11)$$

而由相似三角形可得:
$$\frac{l}{L} = \frac{v}{u} \qquad (6-12)$$

将式(6-11)代入式(6-12)可知:
$$\frac{l}{L} = \frac{\dfrac{uf}{u-f}}{u} = \frac{f}{u-f} \qquad (6-13)$$

当 $u \gg f$ 时,上式可近似表示为:
$$\frac{l}{L} \approx \frac{f}{u} \qquad (6-14)$$

由上式可得:
$$u = \frac{Lf}{l} \qquad (6-15)$$

该式给出了在物距、焦距及可显示满屏物体尺寸的关系. 一般有三
种用法,一是选配特定规格的镜头,以便使得一定物距下的特定大小的
物体能够满屏显示;另一种考虑是在特定焦距镜头的情况下,在物距一
定的情况下,满屏能显示物体的最大尺寸;三是在特定焦距的镜头下,
需要将特定大小物体完整显示出来需要的物距是多少. 由于上述成像
公式是一种理想的情况,另外成像清晰的范围不是在某个点,而是有一
个范围(通常被称为景深),另外在上述公式的推导中进行了某种近似,
因而实际的结果并不会很精确,只能作为一种设计的辅助手段.

通过上面的光学系统,场景被摄取到光靶上并被转化成图象数
据. 图象数据经过一系列传输出来的过程以后再被显示到屏幕上,并
被人们所观察到. 在下面的这一过程当中,有三个问题需要考虑到:一
是图象的分辨率,图象的分辨率越高,能带给人的细节越多,但同时对

显示设备和图象的捕捉,传输和处理的要求也就越高了. 当然对于动态图象来说,还有一个帧率的问题. 动态图象是利用了人的视觉暂留原理,人眼的视觉暂留时间一般为 0.1 s,也就是说,如果图象更新的速度快于这个速率,那么人将会认为图象是连续的,当然为了能够获得更好的效果,一般最好能大于 15 帧以上. 二是图象显示的大小,同样的原始图象显示在不同大小的屏幕上,给人造成的主观感受是不一样的. 三是观察者与屏幕的距离,同样尺寸的图象在不同距离下观看,会产生不同的效果. 为此引入了归一化尺寸这一概念,其定义式如下:

$$\begin{cases} \bar{x} = x/x_{\max} \\ \bar{y} = y/y_{\max} \end{cases} \tag{6-16}$$

$$\begin{cases} \Delta \bar{x} = \Delta x/x_{\max} = (x_2 - x_1)/x_{\max} = \Delta \bar{x}_2 - \Delta \bar{x}_1 \\ \Delta \bar{y} = \Delta y/y_{\max} = (y_2 - y_1)/y_{\max} = \Delta \bar{y}_2 - \Delta \bar{y}_1 \end{cases} \tag{6-17}$$

$$(0 \leqslant x \leqslant x_{\max}, \ 0 \leqslant y \leqslant y_{\max})$$

则 $\bar{x}, \Delta \bar{x}, \bar{y}, \Delta \bar{y} \in [0, 1]$.

其中 x, y 分别为成像坐标,而 $x_{\max}$ 和 $y_{\max}$ 分别为水平方向和垂直方向的最大尺寸.

6.5.2 视频成像与立体视差

在人眼对实际景物的观察与通过屏幕观看视频是有所区别的. 人眼观察场景的时候是三维场景在视网膜上的成像,是通过透视投影来完成三维场景到二维成像的转换. 而通过视频窗口观察视频的时候,所观看到的是一幅一定尺寸的二维图片(对动态视频而言相当于该照片的内容在不断变化). 尽管照片在视网膜上成像也是遵循透视投影的原则,但是由于屏幕和人眼的距离是不变的,该透视实际起的作用仅仅是一种比例变换. 场景成像在视网膜上面可以用视角来度量. 如图 6-11 所示为人眼视角示意图. 其中的三个线段 $L1$, $L2$, $L3$ 在人眼中的视角均为 γ,尽管具体尺寸有明显的差异,但是在人眼中的成像大小是相同的.

在立体视频当中,选取合适的最大水平视差值是一个重要部分,如果选择的视差值过大,立体图象的总体或者部分就很难融合,如果水平视差值比较小,那么立体效果又不是很明显. 人眼所能承受的最大水平视差随着图象与人眼的距离而有所不同. 用水平视角来表示,会更具有普遍意义. 水平视角视差和绝对视差的关系示意图如图 6‑12 所示. 在图中 P 为在屏幕上所能够显示的最大视差值,眼睛到屏幕的距离为 D,而水平视差角为 β,则由几何关系可得:

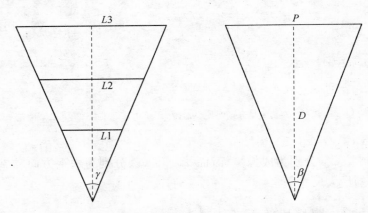

图 6‑11　人眼视角示意图　　图 6‑12　立体显示水平视差与视角关系图

$$P = 2D\tan\frac{\beta}{2} \tag{6-18}$$

一般认为人能承受的最大水平视角为 $1.5°$. 如果我们坐在计算机的 CRT 屏幕前,观察立体图象,眼睛到屏幕的距离 $D=50$ cm,$\beta=1.5°$,代入式(6‑18)可得 $P=1.3$ cm. 此为屏幕上显示的立体图象最大允许视差.

6.5.3　两摄像头水平间距的调整

在立体视频中,水平视差是由光轴平行安装的两摄像头间距所决定的,调整左右图象视差的实质就是调整两摄像头的间距. 确定摄像头的间距有两种方法,其一是理论推导法,其二是采用所谓试验确定法.

1. 理论推导法调整摄像头间距

实际是前面介绍方法的逆应用. 首先求绝对视差的归一化尺寸:

$$\overline{P} = P/X_{max} \qquad (6-19)$$

其中 X_{max} 为显示屏水平方向的尺寸.

$$t_c = L_{max}\overline{P} \qquad (6-20)$$

其中 L_{max} 为水平方向摄像头所能摄取的平截锥区域的近平面长度.

将式(6-19)代入(6-20)可得

$$t_c = P \cdot L_{max}/X_{max} \qquad (6-21)$$

2. 采用所谓试验确定法调整摄像头间距

在标定板中心画一个十字标志,交点位于标定板的中心,将其放于距离场景最远之截平面上,且保证摄像头的光轴与标定板中心重合,测量左右图象成像,使得两个摄像头的视差等于所需要的视差即可.

立体显示与单目显示最大的不同就是有两个视图. 需要将两个视图的图象显示透视矩阵与视频摄像显示系统所对应的等效投影矩阵进行匹配. 由于在立体视频显示当中,已经对两个摄像头进行了一致性的校准,可以近似认为两个摄像头的光学性能是一致的,其等效的投影矩阵是相同的,只是差了一个视差偏移量 e. 在这种情况下,从单目视频向立体视频拓展最主要的就是要求出视差.

6.6 立体显示技术在机器人远程监控当中的具体应用

立体显示技术被应用到机器人远程监控当中,是作为一个单元技术单独被应用的. 是在普通单视显示基础上立体显示功能的一种扩展.

在立体视频的传输方面,我们采用了 Directshow 的方式来完成,用 Mpeg4 方式来进行压缩和解压缩的方式来进行. 我们已经实现单路视频的传输,由于 Directshow 能够支持多个滤镜图,完全可以利用两个滤镜图来分别传输左右两组图象数据,然后再在接受端将两个图象数据实时合成显示到立体窗口当中显示出来. 如图 6 - 13 所示为上海二号机器人的立体视频监控窗口,因为是将左右两幅图同时叠加显示在一起,所以显示的图象是模糊的.

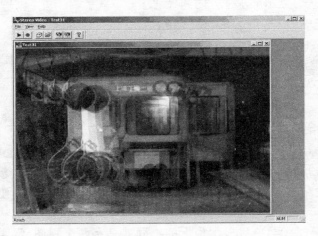

图 6 - 13   立体视频监控窗口

6.7   小结

立体视觉因为能够提高深度方面更多的信息,无论是图形仿真还是视频监控系统,采用了立体显示技术以后会试点用户更加清晰的掌握工作现场的工作情况,更好地完成远程控制方面的操作. 本章主要讨论了立体显示技术及其在机器人远程监控系统当中的应用,首先是介绍了立体视觉及其计算,对立体视觉的产生的原理进行了比较深入的讨论. 接下去介绍了立体显示的基本模式,这部分内容是和如何使得左右两眼分别看到各自的图象的方式直接相关,不同的显示原理,不同的软硬件平台,不同的软件实现方式,就会产生不同的立体显示模式. 在这里,我们主要是针对基于微机平台和 Windows 操作系统及基于 OpenGL 图形库的前提下的立体显示的实现进行了比较详细的讨论. 分别介绍了对视频图象和图形仿真进行立体显示的基本技术要点. 针对立体视频监控实现当中的一些关键技术,例如立体图象的获取,立体摄像头对的校准,视频捕捉卡参数同步调节以及立体动态视频图象的动态显示技术进行了详细的讨论. 立体效果的强烈与否是和视差直接相关的,视差过小会导致立体效果不明显,但是过大会引起观察者的不适,甚至因为视差过大而导致无法在大脑当中合成一幅立体图片. 甚至引起身体上的不适. 在此对摄像头对间距与立体视差的关系进行了分析,并给出了摄像头对的调节算法. 最后介绍了立体显示技术在机器人远程监控当中的具体应用.

在本章中,创新点主要有以下几个方面:1. 在微机平台实现了视频的采集、传输、存储与显示及图形仿真的立体显示. 2. 给出了一套对立体摄像头进行一致性匹配与标定的算法与流程. 3. 对立体显示视差与摄像头对的光学特性及摄像头间距之间的关系进行了深入的研究,给出了定量公式.

第七章 结 语

本论文主要研究了网络环境下的机器人远程监控技术. 对 Internet 环境下机器人状态的实时监控机制、视频数据的传输技术及人机交互技术进行了深入的研究,将虚拟现实技术应用到机器人远程控制当中,通过图形仿真和网络视频来监视机器人的状态,通过鼠标、键盘、力反馈操纵杆、三维鼠标等对工作现场的机器人进行远程控制. 先后在 PT500、上海 2 号、Herol 教学机器人等多台机器人本体上实现了系统,通过与自行研制的基于开放平台的机器人控制器配合,取得了预期效果. 其核心技术还被用于虚拟车床项目的开发当中去,该项目曾参加 2004 年工博会的展出,反映良好.

7.1 论文的创新点

论文的创新点主要有以下几个方面:

1. 针对传统机器人控制器的不足,提出一种新型机器人控制系统的体系结构. 该系统具有低成本、易于开发和良好的扩展性,能够非常方便地通过网络进行互联,完成远程监控和多机器人的协同工作.

2. 针对网络环境下通信特点,建立了一套状态数据的实时获取与传输机制. 对于网络传输的时延问题,提出了动态时延检测策略,与预测显示相结合的办法来实现了时延条件下机器人的远程监控. 视频图象的实时传输,采用了新型的视频队列,重点解决了视频队列的拆包、传输与丢包恢复及流量控制问题,保证了在局域网中以 30 帧/s 的速率实时传送真彩视频图象,时延控制在 0.1 s 以内,成功满足了实时监控的要求.

3. 在机器人建模方面,结合图形运动仿真的特点和机器人运动的特点,提出了用中心点移动法来表示机器人运动学关系的方法,与传统的 D－H 法相比,具有实现简单和运算效率较高的特点;实现了基于 OpenGL 仿真程序与 VRML1.0 的接口,通过专业的三维 CAD 软件 UGII 和 Solidworks 等能够非常方便地构建精确的机器人几何模型,并交互获取机器人的运动参数.

4. 在三维交互方面,实现了碰撞检测程序库与基于 OpenGL 的图形仿真程序的接口,使得碰撞检测程序能够共享图形仿真的几何模型和当前变换矩阵,实时完成碰撞检测功能;将力反馈技术与碰撞检测中的距离监测及运动极限控制相结合,增强了机器人的可操纵性.

5. 与传统的摄像头标定的方法不同,将摄像头的标定过程分解成静态参数和动态参数标定两部分,把真实摄像头看作是由理想的线性小孔模型摄像头和非线性变换器两部分构成,对非线性变换部分采用 BP 神经网络进行表示. 从而大大简化了标定过程,提高了准确度. 用标定的结果控制图形仿真的投影矩阵,并通过非线性变换,模拟摄像头的畸变过程,使得图形仿真尽可能接近实际机器人的状态,与采用线框勾边方式达到虚实结合的系统相比,效果更加逼真.

6. 将立体显示技术应用到机器人远程监控当中,增强了系统的临场感. 其中立体视频的实时显示、传输和存储回放,在国内外的报导尚不多见. 提出了一套对左右图象摄像系统进行标定以获得对称立体对的方法;对立体视觉参数与观察者视觉效果的关系进行了研究,给出了立体视差计算公式;研究了摄像头间距与视差之间的关系,并结合具体应用定量给出了立体摄像头的调整方案,以获得理想的视觉效果.

7.2 论文的不足与改进及工作的展望

本论文涉及的内容比较多,但是由于实验条件的限制,以及时

间、精力,还存在着一些不足之处,可以在以后的工作当中予以改进:

1. 在基于网络的机器人远程控制方面,尽管已经针对网络通信的特点,采取了一些措施来克服网络时延和网络通信不稳定所带来的影响,但是在面对真实的网络环境中将会面临更多的挑战,网络安全也是个不容忽视的问题. 如何进行身份认证,如何在发生误操作和通信故障的时候保证机器人的安全. 机器人大都工作在非结构性环境中,在现在及可以预见的将来,人机遥控加上局部自治,仍将是一种主要的控制方式[111]. 机器人的自治能力还有待于进一步提高.

2. 目前的工作主要集中在对单机器人的远程控制,下一步可以考虑实现多个机器人的远程控制,通过引入多智能体技术,来实现多机器人的路径和任务规划,以及任务的协调控制等,并进而推广到其他自动化生产设备的集成中去.

3. 在机器人建模方面,尽管已经找到了一套行之有效的方法,在多个机器人的几何建模,但支持不同型号的机器人还需要在源代码级进行某种修改. 如果下一步开发,可以考虑直接加入某种脚本描述功能,这样对于不同的机器人只需要给出相应的几何模型和对其运动学特性的描述脚本,就能够完成对一种新型号机器人支持,更进一步可以通过建立机器人库的方式来支持常见的机器人型号.

4. 在摄像头的标定上,目前仍然需要一些手工操作,标定过程仍然比较麻烦,如果能够研究某种自标定方法,使得对摄像头的标定自动完成,将会极大地提高系统的可操作性.

5. 另外虚拟场景与实际工作场景之间的对应是在两个窗口实现的,下一步可以考虑采用增强现实技术将虚拟模型以及相应的状态信息叠加到视频数据当中,等等.

本论文针对基于网络远程监控进行了比较深入的研究,重点研究了网络控制技术和人机交互技术. 尽管研究的对象是针对网络环境下的工业机器人,但其基本技术可以非常方便地推广到其他很多领域,例如太空机器人、水下机器人、核废料处理、各种特种机器人等,在工业自动化也有很大的应用前景.

参 考 文 献

1　Goldberg K. Feeling is believing: history of telerobotics technology in: the robot in the garden, telepistomology and the internet robot. *MIT Press*, 1999

2　Goertz R. C. Fundamentals of general-purpose remote manipulators, *Nucleonics*, *v10 n11*, 36 – 45

3　http://ford. ieor. berkeley. edu/ir/robots. html, Some online robots robots that manipulate

4　http://www. usc. edu/dept/raiders/

5　http://ford. ieor. berkeley. edu/ir/robots. html

6　http://www. usc. edu/ dept/garden/, The telegarden 1996 – 97: On Exhibit at the Ars Electronica Center

7　Ken Goldberg. http://www. ieor. berkeley. edu/~goldberg/

8　http://people. engr. ncsu. edu/dbkaber/telepresence/esearch_projects/web_telerobotics/web_telerobotics. htm,　Web-based telerobotics

9　The UWA telerobot, http://telerobot. mech. uwa. edu. au/Telerobot/

10　Riko Safaric, Karel Jezernik, Calkin D. W. , Parkin R. M. Telerobot control via internet. *IEEE International Symposium on Industrial Electronics*, 1999;**1**: 298 – 303

11　Taylor K. , Dalton B. J. Trevelyan Web-based telerobotics. *Robotica*, 1999;**17**: 49 – 57

12　Alvares A. J. , de Carvalho Guilherme C. , Paulinyi Luis Felipe A. , Alfaro Sadek C. A. Telerobotics: through-the-internet teleoperation of the ABB IRB 2000 industrial robot. *Proceedings of SPIE — The International Society for Optical Engineering*, 1999; **3840**: 259 - 269

13 Alvares A. J., de Carvalho Gilherme Caribe, Jr Romariz L. S. J., Alfaro Sadek C. A., Telerobotics: methodology for the development of through-the-Internet robotic teleoperated system. *Proceedings of SPIE — The International Society for Optical Engineering*, 1999; **3840**: 250 - 258

14 Alvares A. J., Jr Romariz L. S. J., Revista Brasileira de Ciencias Mecanicas. Telerobotics: methodology for the development of a through-the-internet robotic teleoperated system. *Journal of the Brazilian Society of Mechanical Sciences*, 2002; **24** (n2): 122 - 126

15 Safaric R., Debevc M., Parkin R. M., Uran S. Telerobotics experiments via internet. *IEEE Transactions on Industrial Electronics*, 2001; **48** (2): 424 - 431

16 Kent-Peng Leu, Jr. Ang, Marcelo H. Wong Yoke-San. Telemanufacturing workcell over the Internet, Telemanufacturing workcell over the Internet. *Proceedings of SPIE-The International Society for Optical Engineering*, 1998; v 3524, 230 - 237

17 Michele Amoretti, Stefano Bottazzi, Monica Reggiani, Stefano Caselli. Evaluation of data distribution techniques in a CORBA-based telerobotic system. *IEEE International Conference on Intelligent Robots and Systems*, 2003; v2,1100 - 1105

18 Marin R., Sanz P. J., Sanchez J. S. A very high level interface to teleoperate a robot via web including augmented reality. *Proceedings of IEEE International Conference on Robotics and Automation*, 2002; **3**: 2725 - 2730

19 http：//www. spie. org/web/oer/september/sep00/cover2. html

20 http：//www. nasatech. com/Briefs/Feb04/NPO30450. html

21 http：//ieor. berkeley. edu/～goldberg/art/tele/

22 王庆鹏，谈大龙，陈宁. 基于 Internet 的机器人控制中网络时延测试及分析. 机器人，**23**(4)：316‐321

23 王政，常一志，张建光. 基于 Internet 的机器人遥操作系统的初级构筑. 应用科技，2000；**27**(8)：11‐14

24 赵春霞，Li Y. F.，王树国等. 虚拟现实的发展及在机器人系统中的应用与研究. 机器人，**21**(5)：395‐400

25 杨磊，何克忠，郭木河等. 虚拟现实技术在机器人技术中的应用与展望. 机器人；**20**(1)：75‐80

26 王越超，谈大龙. 先进制造技术与新型控制器的研究. 计算机世界，1996. **31** 专题版

27 Windows-based PC robot controller. YASKAWA News Release，1997；10

28 范永，谭民. 机器人控制器的现状及展望. 机器人，**21**(1)：75‐80

29 李开生，张慧慧，费仁元等. 机器人控制器体系结构研究的现状和发展. 2000；**22**(3)：235‐240

30 阳道善，朱志红，陈吉红等. 开放式数控系统软件体系结构研究. 机械工艺师，2001；**4**：9‐11

31 赵宏林，盛伯浩，张文河，机器人化加工平台的研制. 制造技术与机床，2000；**6**：21‐23

32 Kondraske George V.，Volz Richard A.，Johnson Don H.，Delbert Tesar，Trinkle Jeffrey C.，Price Charles R. Network-based infrastructure for distributed remote operations and robotics research. *IEEE Transactions on Robotics and Automation*，1993；**9**(5)：702‐704

33 Vermeulen H.，Niekerk T. I.，Huang J.，Hattingh D.

VRML to monitor and control an industrial robot via the Internet. *IEEE AFRICON Conference*, 1999;**1**: 561 – 564

34 Troy J. J., Vanderploeg M. J. Off-line robot programming in a virtual environment. *ASME Computer Integrated Concurrent Design Conference*, 1995;**83**(2): 963 – 968

35 Loffler Markus S., Costescu Nicolae P., Erkan Zergeroglu, Dawson Darren M. Telerobotic decontamination and decommissioning with QRobot-a PC-based robot control system. *International Journal of Computers and Applications*, 2002; **24**(3): 112 – 121

36 Sun H. A. Software of the 3D simulation system of a robot based on the virtual reality modeling language. *Journal of Xidian University*, 2001; **28**(3): 364 – 369

37 Denis Graèanin, Maja Matijaševiæ, Tsourveloudis Nikos C., Valavanis Kimon P. Virtual reality testbed for mobile robots. *Proceeding of the 1999 IEEE International Symposium on Industrial electronics (ISIE'99)*, 1999;**1**: 293 – 297

38 http: //www. javaworld. com/javaworld/jw-08-1997/jw-08-newsbriefs. html

39 http: //people. engr. ncsu. edu/dbkaber/telepresence/research_projects/web_telerobotics/web_telerobotics. htm

40 http: //www. robotic. dlr. de/VRML/Rotex/ VRML and java3d telerobotics client operate a robot over the internet.

41 Oboe R. Web-interfaced force-reflecting teleoperation systems. *IEEE Transactions on Industrial Electronics*, *December*, 2001; **48**(6): 1257 – 1265

42 Chen Yimin, Zhang Tao, Wang Di. A robot simulation, monitoring and control system based on Java3D. *Proceeding of the World Congress on Intelligent Control and Automation*

(WCICA)，2002；**1**：139 - 143

43 汪地，陈一民，方明伦. 基于微机的图形仿真技术的研究，自然杂志，1998；**3**：184 - 185

44 WANG Di，CHEN Yi-min，FANG Ming-lun. A study on a new robot simulation and monitoring system based on PC. *The Proceeding of 3rd Word Congress on Intelligent Control and Aucomation（WCICA'2000）*，1328 - 1332

45 Tachi S. Real-time remote robotics-toward networked telexistence. *IEEE Computer Graphics and Applications*，V18，I6，Nov. - Dec. 1998；6 - 9

46 You Song，Wang Tianmiao，Wei Jun，Yang Fenglei，Zhang Qixian. Share control in intelligent arm/hand teleoperated system. *Proceedings of 1999 IEEE International Conference on Robotics and Automation*，1999；**3**：10 - 15

47 Jin Woo Park，Jang Myung Lee. Transmission modeling and simulation for Internet-based control. *The IEEE 27th Annual Conference of the Industrial Electronics Society（IECON'01）*，**1**：165 - 169

48 Fong T. ，Thorpe C. ，Baur C. Multi-robot remote driving with collaborative control. *IEEE Transactions on Industrial Electronics*，2003；**50**(4)：699 - 704

49 Hirzinger G. ，Brunner B. ，Koeppe R. ，Landzettel K. ，Vogel J. Teleoperating space robots-impact for the design of industrial robots. *Proceedings of IEEE International Symposium on Industrial Electronics*，1997；**1**：250 - 256

50 吴庆翔，唐朝平，王莉等. 一种新型数字化远程网络视频监控系统. 激光与光电子学进展(增刊)，1999；**9**：218 - 221

51 程望抒. 一种基于 VisualC＋＋6.0 的图象实时传输系统. 计算机应用研究，2001；**6**：85 - 87

52 缪燕，尹佑盛. 在局域网上用 NetMeeting 进行协同设计. 机械与电子,1999;**6**：41 - 43

53 莫宁，俞宁. 局域网视频数据传输的应用研究. 微型机与应用，2000;**4**：32 - 34

54 陆其明. DirectShow 开发指南. 清华大学出版社，北京：2003

55 刘振宇，徐方，陈英林. 一种通用的机器人三维图形仿真的实现. 机器人, **23**(5)：404 - 407

56 赵东波，熊有伦. 机器人离线编程系统的研究. 机器人,1997;**4**：314 - 319

57 凌云，储林波. 用 VC 和 OPENGL 建立三维图形应用环境. 电脑学习,1998;**4**：32 - 33

58 汪地，陈一民，方明伦. 微机环境中 OpenGL 多视窗显示技术. 电脑技术,1998;**10**：31 - 33

59 阎保定，郭跟成. 机器人三维图形仿真系统中运动学方程建模方法的改进. 机器人,1997;**3**：202 - 206

60 张征，刘怀兰，张天浩，具有局部闭链机构的虚拟机器人运动学建模. 组合机床与自动化加工技术,2001;**6**：17 - 19

61 汪地，陈一民，方明伦. OpenGL 在机器人运动仿真中的应用. 第五届全国计算机应用联合学术会议,1999;10 - 80 北京

62 赵亚坤，汪地，杨洪夫等. 机器人仿真中几何建模技术的研究. 机械工业自动化,1998;增刊,58 - 60

63 汪地，陈云，陈一民等. OpenGL 的几何建模技术. 第五届全国计算机应用联合学术会议,1999;10 - 86 北京

64 Boud A. C. , Steiner S. J. A new method for off-line robot programming：applications and limitations using a virtual environment. *Factory 2000-Fifth International Conference on The Technology Exploitation Process*，2 - 4 April 1997, 450 - 455

65 Lin Ming C. , Stefan Gottschalk. Collision detection between

geometric models: a Survey. *Proc. of IMA Conference on Mathematics of Surfaces*, 1998

66 石教英主编. 虚拟现实基础及实用算法. 科学出版社，2002，北京

67 Van den Bergen G. Efficient collision detection of complex deformable models using AABB tree. *Journal of Graphics Tools*, 1997; **2**(4): 1-13

68 Stefan Gottschalk. Collision queries using oriented bounding boxes. *PhD Thesis Department of Computer Science*, UNC Chapel Hill, 2000

69 Klosowski J. T., Held M, Mitchell J. S. B., et al. Efficent collision detection using bounding volume hierarchies of k-DOPs. *IEEE Transactions on Visualization and Computer Graphics*, 1998;**4**(1)

70 Cohen Jonathan D., Lin Ming C., Dinesh Monocha, Madhav Ponamgi K. I-Collide: interactive and exact collision detection for large-scaled environments. *Proc. of ACM Symposium on Interactive 3D Graphics*, 1995

71 Lin M. C., thesis Ph. D. Efficient collision detection for animation and robotics, *University of California*, *Berkeley*, 1993

72 Lin Ming C., Dinesh Moanocha. Efficient contact determination between geometric models. *Internat. J. Comput. Geom.* 1997; **7**: 123-151

73 http://www. cs. unc. edu/~geom/OBB/OBBT. html

74 Lin M., Cohen J., Gottschalk S., Manocha D. Hudson T. V-collide: accelerated collision detection for VRML. *Proc. of ACM Symposium on VRML*, 1997

75 Ponamgi M, Manocha D, Lin M. Incremental algorithms for

collision detection between solid models. *IEEE Transactions on Visualization and Computer Graphics*, 1997；**3**(1)：51－67

76 Discrete orientation polytopes(k-DOPs). http：//www. ams. sunysb. edu/～jklosow/quickcd/QCD_kdops. html

77 Gino Van Den Bergen. A fast and robust GJK implementation for collision detection of convex objects. *Journal of Graphics Tools*, 1999；**4**(2)：7－25

78 Brain Mirtich. V-clip：fast and robust polyhedral collision detection. *ACM Trans. Graph.* **17**(3)：177－208

79 Gino van den bergen, user's guide to the solid interference detection library for version 2. 0. http：//www. win. tue. nl/～gino/solid/solid2_toc. html

80 http：//www. cs. unc. edu/～geom/SWIFT/

81 Guibas Leonidas J. , David Hsu, Li Zhang. H-walk：hierachical distance computation for moving convex bodies. http：//www. hpl. hp. com/ personal/Li_Zhang/papers/hwalk-c. pdf

82 雷超，戴国忠. 三维交互体系结构的研究与实现. 计算机研究与发展，2001；**38**(5)：557－562

83 Collin Wang, Heng Ma, Canon David J. Human-machine collaboration in robotics：integrating virtual tools with a collision avoidance concept using conglomerates of spheres. *Journal of Intelligent & Robotic systems*, 1997；**4**：367－391

84 马颂德，张正友. 计算机视觉—计算机理论与算法基础. 科学出版社，北京：1998

85 吴立德. 计算机视觉. 上海：复旦大学出版社，1993

86 胡海峰，熊银根. 三维机器视觉中摄像机内外方位元素的确定. 中山大学学报，**41**(6)：22－25

87 沈清，胡德文，时春. 神经网络应用技术. 国防科技大学出版社，长沙：1993

88　飞思科技产品研发中心. Matlab6.5 辅助神经网络分析与设计. 电子工业出版社,北京:2004-9-1

89　Anu Rastogi, Master thesis. Design of an interface for teleoperation in unstructured environments using augmented reality displays, *Graduate Department of Industrial Engineering at the University of Toronto*

90　David Drascic. Stereoscopic video and augmented reality. http://vered. rose. utoronto. ca/people/david _ dir/SCICOMP93/ SCICOMP93. full. html

91　韦穗. 基于图象的虚拟现实技术. 安徽大学学报,**22**(4)34-39

92　CrystalEyes software development kit user's guide. http:// www. stereographics. com

93　Stereographics developers' handbook background on creating Images for crystalEyes® and simulEyes®. http://www. stereographics. com

94　Writing stereoscopic software for stereoGraphics? systems using microsoft windows openGL, bob akka, stereoGraphics corporation. http://www. stereographics. com

95　Paul Bourke. Calculating stereo pairs. http://astronomy. swin. edu. au/~pbourke/stereographics/ stereorender/

96　秦岩,王力. 立体显示在计算机中的实现. 西安电子科技大学学报,1996;**24**(1):135-140

97　胡迎春,张增芳. 关于 SimulEyesVR 立体动画技术. 广西工学院学报,1998;**9**(1):

98　李书印,万明习,行鸿彦. 基于视觉生理的虚拟环境显示. 中国图象图形学报,2001;**6**(2):172-177

99　夏青. 基于 FireGL 系列图形加速卡的立体视景仿真. 中国图象图形学报,**3**(9):76-778

100 李奇,冯华君,徐之海等. 计算机立体视觉技术综述，光学技术, 1999;**5**：71 - 73

101 吕洪振. 立体成像技术及微机立体显示. 科技情报开发与经济, 1998;**6**：40 - 41

102 徐伟忠,刘辉,谈正. 三维立体显示系统的开发研究. 中国图象图形学报, 1997;**2**(2 - 3)：144 - 148

103 周丽萍. 虚拟现实中立体视觉的研究. 计算机应用, 1999;**19**(4)：24 - 26

104 阮亮. 立体电视的发展动向. 电视技术, 1998;**7**：2 - 9

105 敬万钧,刘锦德. 虚拟现实中的视觉系统与其实现技术. 计算机应用, **17**(3)：5 - 7

106 吕洪振. 立体成像技术及微机立体显示. 科技情报开发与经济, 1998;**6**：40 - 41

107 费正根. 立体显示新进展. 光电子技术, 2001;**21**(4)：267 - 271

108 张存林,杨虹,何伦华. 计算机立体显示. 首都师范大学学报, 1997;**18**（增刊）：61 - 67

109 王红兵. 虚拟现实技术—回顾与展望. 计算机工程与应用, 2001;**1**：48 - 52

110 宋志刚,王琰,苑勋. 实验室虚拟现实系统中的硬件构造技术. 小型微型计算机系统, 2000;**21**(12)：1337 - 1339

111 蒋新松. 先进制造技术中系统技术的新发展. 计算机世界, 1996;**31** 专题版

致　谢

　　本论文工作是在导师方明伦教授和陈一民教授的悉心指导下完成的.两位导师渊博的学识、严谨的治学态度使我受益匪浅,在此谨向尊敬的导师表示衷心的感谢.

　　感谢本课题组的其他成员,没有他们的积极配合和真诚帮助,本论文的完成是无法想象的.在此特别要感谢何永义教授,他的真诚帮助,使我能很快地进入课题,并最终顺利地进行联调完成整个系统的开发工作.感谢硕士研究生陆斌华、郭坚、顾文望和俞波、殷烨、孔晓明以及曹逸峰,是他们的努力工作使我的很多想法变成了现实,感谢历届本科生:王镇宇、刘志强、江波、蔡理育、顾志敏、朱毅、郭翔宇、胡梁、张于炜同学在课题具体完成过程中所给予的合作.

　　感谢杨洪夫高工在论文工作中给予的中肯教诲与关心;李明教授、袁庆丰副教授和俞德维老师在机器人运动学建模方面给予的帮助;陈东帆博士、杨浩老师在CAD技术及几何建模技术方面给予的帮助;还有陈云教授对论文工作提出许多建设性建议.

　　感谢陪伴作者度过博士阶段学习生活的所有老师和同学,是他们使作者度过了一段美好时光.

　　最后,向一贯爱护和支持我的父母和兄长致以衷心感谢.

　　感谢一切在我博士阶段学习和工作中提供帮助的人们!